大規悞里俌
奪回源碼庫的控制權

Refactoring at Scale
Regaining Control of Your Codebase

Maude Lemaire 著

黃銘偉 譯

目錄

前言

雖然關於重構（refactoring）的書籍有很多，但其中大多數都涉及到如何逐行改善程式碼的細節。我認為，重構最困難的部分通常不是找到改進手邊程式碼的精確方法，而是如何促成圍繞在其周圍必須發生的那一切。其實我也可以說，對於任何大型的軟體專案，那些小事情很少是重要的，協調複雜的變化才是最大的挑戰。

在《大規模重構》（*Refactoring at Scale*）這本書中，我試著幫助你找出那些困難的部分。這是多年實踐各種規模重構專案所累積的經驗。在 Slack 工作的期間，我領導的許多專案讓公司得以大幅擴張，我們的產品從能夠支援擁有兩萬五千名員工的客戶，成長到了有辦法處理具有五十萬名員工的客戶。我們為有效重構所發展的策略，讓我們得以承受爆炸性的組織增長，同期我們的工程團隊成長了近六倍。成功規劃和執行一個會同時影響源碼庫（codebase）可觀部分和不斷增加的工程師的專案絕非易事。我希望這本書能為你提供必要的工具和資源來做到這點。

誰應該閱讀本書

如果你經手的是大型、複雜的源碼庫，而且還需要與其他十數名（或更多）工程師合作，那本書就是為你準備的！

如果你是初級工程師，想要為你的公司做出貢獻，藉此開始累積更高級的技能，那麼進行大規模的重構工作可能是達成這一目標的絕佳途徑。這類項目具有廣泛而有意義的影響，不僅限於你的團隊（它們也不那麼光鮮耀眼，以至於資深工程師可能會馬上搶去做）。它們是你獲得新專業技能（並強化你已擁有的技能）的絕佳機會。本書會引導你如何從頭到尾順利地完成這種專案。

這本書對技術水準高，能寫出任何程式碼來解決問題但對於其他人無法理解他們工作價值而感到挫折的高級工程師而言，也是寶貴的資源。如果你感到孤立，並在尋找方法來提升身邊其他人的水準，這本書也可以教你必要的策略來協助其他人透過你的視野來看待重要的技術問題。

對於希望引導團隊完成大規模重構的技術經理，本書可以幫助你瞭解如何在過程中的每一步更好地支援你的團隊。這些書頁中並沒有包含很多的技術內容，因此，不管你以何種角色（工程經理、產品經理、專案經理）參與大規模的重構工作，你都可以從這裡所提供的經驗中獲益。

我為何撰寫此書

當我開始著手進行我第一次的大規模重構時，我理解到程式碼為何（*why*）需要改變，以及要如何（*how*）改變，但最讓我困惑的是，如何安全、漸進地引入這些變更，而且不對其他人產生負面衝擊。我急切地想要產生跨職能的影響，並沒有停下來告知這種重構可能對其他人的工作產生的衍生後果，也沒有停下來去理解我如何激勵他們幫助我完成這項工作。我只是勉強熬過去（你可以在第 10 章中閱讀有關這項重構工作的內容！）。

在接下來的幾年間，我重構了更多更多的程式碼，最終成為了幾個執行不力的重構專案的接收端。我從這些經歷中學到的經驗感覺很重要，所以我開始在一些會議上談論它們。我的演講引起了數百名工程師的共鳴，他們全都像我一樣，在實際重構他們自己公司內大量程式碼的過程中遭遇到了問題。顯然，我們的軟體教育中存在著某種漏洞，特別是關於如何專業地編寫軟體的核心面向。

在許多方面，這本書試圖教導一些在典型電腦科學課程中僅僅因為這些內容在課堂上教起來太難了而沒有涵蓋的重要內容。或許單靠一本書也無法傳授這些知識，但何不試試看呢？

本書導覽

本書分為四部分，依據規劃和執行大規模重構所需工作的概略時間順序進行組織，概述如下。

- 第一部介紹重構背後的重要概念。

  — 第 1 章討論重構的基礎知識，以及大規模重構和規模較小的重構之間的差異。

  — 第 2 章介紹程式碼劣化的各種可能方式，以及這會如何影響重構的有效性。

- 第二部涵蓋你在規劃成功重構工作時需要瞭解的一切。

  — 第 3 章概述了許多衡量指標，可用在實際進行改善之前，量測你的重構工作試圖解決的問題。

  — 第 4 章說明詳盡的執行計畫重要的組成部分，以及如何起草這樣的一份計畫。

  — 第 5 章討論獲得工程管理階層支援你重構工作的不同途徑。

  — 第 6 章介紹如何確定哪些工程師最適合接手重構工作，以及招募他們的建議。

- 第三部重點介紹如何確保你的重構在過程中順利進行。

  — 第 7 章探討如何最好地促進你團隊內部以及任何外部利益關係方的良好溝通。

  — 第 8 章介紹了在整個重構過程中保持動力的數種方法。

  — 第 9 章提供了一些建議，說明如何確保重構所引入的變更得以維持。

- 第四部包含兩個案例研討，都是取自於我在 Slack 工作時所參與的專案。這些重構影響到了我們核心應用很大的一部分，是真正大規模的重構。我希望這些能有助於闡明本書第一至第三部所討論的概念。

這種順序並非規定性的處方，僅僅因為我們已經進入了一個新的階段，並不代表我們不應該在必要時重新審視我們之前的假設。舉例來說，你可能在剛開始重構時，對你將與之合作的團隊有強烈的設想，但在擬定執行計畫的半途中，發現你需要引進的工程師比最初預期的要多。這沒有關係，因為總是這樣的！

本書編排慣例

本書中使用的編排慣例如下：

斜體字（*Italic*）
　　代表新名詞、URL、電子郵件位址、檔名和副檔名。中文以標楷體表示。

定寬字（Constant width）

用於程式碼列表，還有正文字裡行間參照程式元素的地方，例如變數或函式名稱、資料庫、資料型別、環境變數、述句和關鍵字。

 這個圖示代表一個小技巧或建議。

 這個圖示代表一般注意事項。

使用範例程式

本書的補充性素材（程式碼範例、習題等）可在此下載取用：

https://github.com/qcmaude/refactoring-at-scale

這本書是為了協助你完成工作而存在。一般而言，若有提供範例程式碼，你可以在你的程式和說明文件中使用它們。除非你要重製的程式碼量很可觀，否則無需聯絡我們取得許可。舉例來說，使用本書中幾個程式碼片段來寫程式並不需要取得許可。販賣或散布 O'Reilly 書籍的範例，就需要取得許可。引用本書的範例程式碼回答問題不需要取得許可。把本書大量的程式範例整合到你產品的說明文件中，則需要取得許可。

引用本書之時，若能註明出處，我們會很感謝，雖然這並非必須。出處的註明通常包括書名、作者、出版商以及 ISBN。例如：「*Refactoring at Scale* by Maude Lemaire (O'Reilly). Copyright 2021 Maude Lemaire, 978-1-492-07553-0.」。

如果覺得你對程式碼範例的使用方式有別於上述的許可情況，或超出合理使用（fair use）的範圍，請儘管連絡我們：*permissions@oreilly.com*。

致謝

寫書不是一件容易的事，本書也不例外。沒有許多人的貢獻，《**大規模重構**》這本書是不可能成形的。

首先，我要感謝我在 O'Reilly 的編輯 Jeff Bleiel。Jeff 將經驗不足的寫作者（我）變成了出過書的作者。他的回饋意見總是命中要點，幫助我更緊密地組織我的想法，並在我變得過於囉嗦時提醒我停下來（這是經常發生的事情）。我無法想像與更好的編輯合作。

其次，我要感謝一些讀過幾章早期版本的朋友和同事：Morgan Jones、Ryan Greenberg 和 Jason Liszka。他們的反應使我確信我的想法是正確的，而且對於廣泛讀者來說都是有價值的。對於那些鼓勵和發人深省的對話，我感謝 Joann、Kevin、Chase 和 Ben。

我要感謝 Maggie Zhou 共同編寫第二篇案例研討章節（第 11 章）。她是我有幸與之合作的最思慮周全、最聰明、最有朝氣的同事之一，我很高興全世界都能讀到我們一起經歷的冒險！

非常感謝我的技術審閱者 David Cottrell 和 Henry Robinson。自大學時代以來，David 一直是我的好友，他在 Google 任職的多年間主導了不少大型重構工作。在那之後，他創立了自己的公司。Henry 是 Slack 的同事，他為開源（open-source）社群做過無數貢獻，並親眼目睹了矽谷公司的爆炸式成長。他們都是勤勉認真的工程師，這本書得益於他們的指導和智慧。他們花費了大量時間來驗證其內容，對此我深表感謝。最終文稿中若有任何不正確之處都是我的責任。

感謝所有曾與我一起重構事物的人。你們人數太多，我就不一一列出姓名了，但你們知道我指的是誰。你們在形塑本書中的思想上都有所幫助。

感謝我的家人（Simon、Marie-Josée、François-Rémi、Sophie、Sylvia、Gerry、Stephanie 與 Celia）在一旁為我加油打氣。

最後，謝謝我的丈夫 Avery。感謝你的耐心配合，為我的寫作提供了時間、空間和鼓勵。謝謝你讓我劫持無數個下午時光詳細討論一兩個（或三四個）靈感。謝謝你相信我。這本書是我的，也是你的，我愛你。

第一部

簡介

第一章

重構

有人問過我，重構（refactoring）到底有什麼可以讓我這麼喜歡的。是什麼讓我如此頻繁地回頭參考這些類型的專案？我告訴她，其中有部分會讓人上癮。或許單純是整理清潔的簡單動作，譬如精巧地分類和排列你的香料；或是出於井然有序的喜悅，還有最後妥善處理不必要的東西，例如把一袋被遺忘的衣服送去 Goodwill 那樣的釋然；又或者，也許是我腦中的小聲音提醒著我，這些微小、漸進式的變化將大大改善我同事的日常生活。我覺得是所有這些要素的結合。

重構行為中，有一些東西可能對我們所有人都有吸引力，無論我們是在構建新的產品功能，或是在擴展基礎架構。我們全都得在工作中平衡要多寫一點程式碼或少寫一點。我們必須努力去瞭解我們的變革所產生的下游效應，無論那是有意還是無意的。程式碼是有生命會呼吸的東西。當我想到我寫的程式碼又活了五年、十年，我就不禁微微皺眉瞇眼。我當然希望，到那時，會有人出現，要麼將其完全移除，要麼用更簡潔精煉的東西取代它，最重要的是，讓它更適合屆時的應用程式需求。這就是重構的意義所在。

在本章中，我們將先定義幾個概念。我們將為一般情況下的重構提出一個基本定義，並奠基於此，為大規模重構（refactoring at scale）發展出一個單獨的定義。為了明確表達本書的某些動機，我們將討論為什麼我們應該關心重構，以及如果我們練就了這種技能，可以為我們的團隊帶來哪些優勢。接下來，我們將深入探討重構所帶來的一些好處，以及在考慮是否執行重構時應牢記的一些風險。對這些權衡取捨有所瞭解之後，我們將考慮一些場景，看看哪些是正確時機、哪些是錯誤時機。最後，我們將詳細討論一個簡短範例來將這些概念付諸實踐。

什麼是重構？

非常簡單扼要的說，**重構**（*refactoring*）是我們在不改變其外部行為的情況下重組現有程式碼（即 *factoring*）的過程。如果你認為這個定義太過廣義，別擔心，這是刻意的！重構有許多同樣有效的可能形式，具體取決於套用它的程式碼。為了闡明這一點，我們將一個「系統（system）」定義為任何會從一組輸入產生一組輸出的固定程式碼集合。

假設我們已有這樣的一個稱作 S 的系統之具體實作，如圖 1-1 所示。此系統是在一個緊迫的截止期限下建置的，迫使作者偷吃步抄捷徑。隨著時間的推移，它變成了一團錯綜複雜的程式碼。值得慶幸的是，該系統的使用者並沒有直接暴露在系統內部的混亂之中，它們透過一個定義好的介面與 S 互動，並仰賴它提供一致的結果。

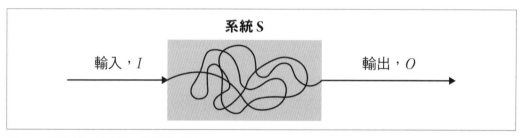

圖 1-1　具有輸入輸出的一個簡單系統

幾名勇敢的開發人員清理了該系統內部後，現在我們有了稱之為 S' 的系統，如圖 1-2 所示。雖然它是一個較乾淨整齊的系統，但對 S' 的使用者而言，什麼都沒改變。

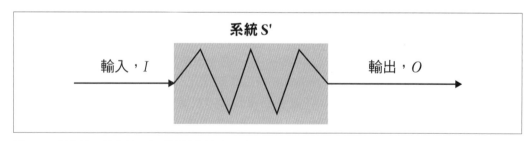

圖 1-2　具有輸入輸出的一個重構過的簡單系統

系統 S 可以是任何東西，它可以是單一個 if 述句（statement）、十行的函式（function）、熱門的開源程式庫、數百萬行的應用程式或介於之間的任何東西（輸入與輸出也可能同樣多變化）。這個系統可以作用在資料庫條目（database entries）、檔案集

合（collections of files）或資料串流（data streams）上。輸出不僅限於所回傳的值，還可能包括數種副作用（side effects），例如印出東西到主控台（console）或發出網路請求。你可以在圖 1-3 看到負責處理使用者請求的一個 RESTful（*https://oreil.ly/jrk1p*）服務如何對映到我們的系統定義。

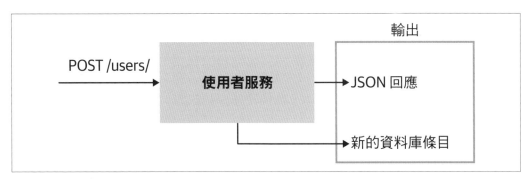

圖 1-3　一個簡單的應用程式作為一個系統

當我們繼續發展我們的重構定義，並開始探索此流程的不同面向時，確保我們都有共識的最好辦法是將每個想法連接到一個具體範例。

使用真實世界的程式設計範例是很困難的，這有幾個原因存在。鑑於我們在業界的豐富經驗，只選一個例子而非另外一些，只會立刻讓某一群讀者獲得優勢。反過來說，為了縮短篇幅而簡化某些概念或忽略某些細微差別以更簡潔地應用某個概念時，那些深諳該範例的人可能會感到無奈。為了建立一個公平的競爭環境，每當我們試圖在高層次上說明一個通用問題時，我們會以大多數人都熟悉的（希望如此）企業為例：一家知名的乾洗店。

Simon's Dry Cleaners 是當地的一家乾洗店，唯一門市位於斯普林菲爾德（Springfield）繁忙的街道上。它於星期一至星期六的正常營業時間開放。客戶既會留下一般的待洗衣物，也會留下僅限乾洗的物品。根據每個物料的數量、緊急程度和清洗難度，大約會在二到六個工作日後，將清洗過的衣物歸還給客戶。

這如何對映到我們對系統的定義呢？此店家中的乾洗作業就是系統本身。它把顧客的髒衣服作為輸入處理，並將清洗乾淨後的衣服作為輸出歸還給所有者。乾洗作業所有複雜之處都被隱藏起來，消費者看不到。我們只需把衣物留下，希望清潔公司能做好工作。系統本身相當複雜，根據輸入類型（皮革夾克、一堆襪子、絲裙等），它可能藉由執行一個或多個作業作為回應，以確保正確的輸出（乾淨的衣物）。在留下衣物到取回之

間，有很多機會發生問題：腰帶可能會丟失、污漬被忽略、某件襯衫意外退回給錯誤的顧客。但是，如果員工之間積極主動進行溝通、機器狀態良好，收據整理有序，系統將繼續平穩運行，很容易就能完成訂單。

假設 Simon's 還用紙質複印收據來營運。所有留下衣物的顧客都會在提單紙條上寫下自己的姓名和電話號碼，店員則會記錄他們的訂單。如果客戶放錯了收據，Simon's 能夠瀏覽他們最近按姓氏字母順序排列的訂單輕易查找副本。不幸的是，當顧客太晚來取回他們的乾洗衣物，而且收據放錯位置時，店員就必須從後台的箱子裡找出封存的紙條。儘管幾乎所有訂單都有成功取回，但客戶需要花費更多時間、多跑一趟才能拿到他們送洗的衣物。業主在每月底計算收益時，紙本收據也不方便，他們必須將所有交易記錄（信用卡和現金）與已完成的訂單人工手動匹配。為了達成現代化和重構他們的流程，該團隊決定升級他們的系統，使用銷售時點情報系統（point-of-sale system）消除紙面文檔的棘手問題。這樣重構就完成了！客戶繼續留下他們的乾洗衣物，並在幾天後取回它們，幾乎感受不到任何變化，但現在前台後的一切都運行得更順利。

何謂大規模重構？

2013 年末，在動盪的發佈會中，美國所有主要新聞媒體都宣稱 Healthcare.gov 徹底失敗，該網站受到安全問題、長達數小時的停機和大量嚴重臭蟲的困擾。在推動前，不僅成本激增到近 20 億美元，其源碼庫（codebase）已經膨脹到了超過 500 萬行。雖然 Healthcare.gov 的失敗在很大程度上是由於深陷在聯邦政府官僚政策中的開發工作無法動彈所致，但當歐巴馬政府隨後宣佈要投入巨資改善這項服務的計畫時，重整和重構過度成長的軟體系統所涉及的那種不容否認的困難度，就成了主流新聞媒體所關注的焦點。在後續的幾個月裡，負責改寫 Healthcare.gov 的團隊，首先投入此源碼庫幾乎是徹底翻新的改革，這就是大規模的重構。

大規模的重構工作就是會影響到系統大量表面積的重構。它通常（但不一定是）涉及為許多用戶提供應用支援的某個大型源碼庫（100 萬行或更多的程式碼）。只要仍有舊式系統存在，就需要這些重構，其中開發人員需要在廣度上仔細考量程式碼結構，以及如何有效改善它以得到可測量的效益。是什麼使數百萬行源碼庫的重構有別於重構更小、定義更明確的應用程式？雖然我們可能很容易想到具體、迭代式的方法來改進定義明確的小系統（比如個別函式或類別），但要確定一個龐大而複雜的系統統一套用某項變更時可能產生的效應，幾乎是不可能的。有許多工具可以辨識程式碼的好壞，或自動偵測程式碼子部分中可以進行的改良，但我們基本上無法自動化人類的推理，去判斷如何重

組正在以越來越快的速度增長的源碼庫中的大型應用程式，在高速成長的公司中，更是如此。

有人可能會說，透過不斷套用可以疊加的小型變換，你就能對這種系統做出可測量的改善。這種方法或許能讓天秤開始朝好的方向傾斜，但當大部分低垂的果實都採收完畢，而小心（並逐漸）引入這些改變的工作變得更加棘手時，進展可能會顯著下降。

大規模重構是指在源碼庫中識別出某個系統性問題、構思一個更好的解決方案，並以戰略性、有紀律的方式執行對該解決方案。要辨識出系統性的問題並找出其相應的解決方案，你需要對應用程式的一或多個廣泛部分有深入的瞭解。你還需要高度耐力，才能將解決方案正確傳播到整個受影響的區域。

大規模重構還需與即時系統的重構密切配合。我們許多人所參與的應用程式都有頻繁的部署週期。在 Slack，我們每天向使用者發佈新的程式碼大約十數次。我們必須注意我們的重構工作如何融入這些週期，以將風險和對用戶的干擾降至最低。瞭解如何在重構過程中於不同時間點進行策略性部署通常可以達成安靜的推展，而不至於完全中斷服務。

Simon's Dry Cleaners 考慮大規模重構的時候會是什麼樣子呢？假設部署銷售點系統得以大幅優化業務，事實上，好到在短短兩年時間內，它就成功地在鄰近的城鎮中開設了五家新分店！現在，在多個地點營運，業務規模不斷擴大，他們遭遇到一系列不同的問題。為了保持低成本，他們的六個地點中只有兩家實際設有乾洗設備。當客戶在沒有現場乾洗設備的四個地點之一卸下要乾洗的衣物時，這些服裝必須透過公司貨車送到最近的設施。該貨車會在四個店面停留，收取髒衣物，運送到兩個乾洗場所裝卸地點的大箱子裡。Simon's 的員工會努力地整理一堆衣物，清理它們，然後把它們歸還給正確的店面。然而，大多數時候，這是一個令人怵目驚心的過程。兩個乾洗地點都得處理它們自己店面收受的衣物，還有從四家較小店面送來的衣物。貨車司機將它們丟進加工箱時，衣服會被分離或彼此交纏，這種情況並不少見。更緊急的訂單往往遺失在成堆的訂單裡，而清潔工必須在整批貨物中挖掘，才能找出它們。

Simon's 如何更有效地改進其營運？是否應為每個地點設立一個專門的乾洗中心，使得每個設施最多只需要處理三個店面的訂單？若是如此，它是否應考慮以特定方式改變貨車的運送路徑？如果兩者兼而有之呢？若是它能藉此縮短處理時間，那麼再開設一個乾洗地點是否符合成本效益？它應該如何設置卸貨台，少纏幾件衣服？能否讓司機在出發前，先按緊急程度對訂單進行適當的分類和歸位？公司是否應該在緊接午餐時間後和關

店不久後限制提貨，讓乾洗地點有更多時間組織收到的衣物？有不少選項需要思量，其中有許多可以多筆訂單結合在一起執行，或同時進行。想像一下，面對著所有的這些可能性，而且必須決定先拉哪個槓桿。它肯定會陷入癱瘓！事實上，重構大型應用程式的時候，感覺也是一樣的。

為何要關心重構？

重構在理論上可能聽起來很有說服力，但你怎麼知道閱讀本書的其餘部分會不會浪費時間呢？我當然希望所有讀者讀完本書後，都能帶上幾項新工具，但若要提供單一理由，說服你繼續讀下去，那會是：

對於你的重構能力有信心，將使你傾向於採取行動，並更快開始構建一個系統，早在你對所有可動的組成部分、陷阱和邊緣案例都形成深入的瞭解之前。如果你知道你有能力在整個開發過程中識別出有效改善組成元件的機會，並且隨著系統變得更複雜時都還能繼續做到這點，那你就不需要提前花那麼多時間去架構一個程式。一旦你練就了不費吹灰之力就能操作程式碼所需的技能，你就不會再花費那麼多時間為任何單一設計決策而煩惱。寫程式的時候，你會發現自己選擇寫一些在當前環境下能夠奏效的簡單東西，而不是退後一步，規劃接下來的數個動作。你會意識到，總有（雖然有時很棘手）一條更好的解決途徑。

寫程式不是下棋。給定一組棋盤配置並假設最佳對手時，最有競爭力的玩家能在幾分鐘內敏捷地完成幾十場比賽。遺憾的是，在我們這一行中，並沒有提供一組完全列舉出來的可能動作，也沒有預先決定的結束狀態。我並不是說，在合理的需求之下，坐下來腦力激盪，為一個問題提出穩健的解決方案是沒有價值的，我要提醒你的是，不要花費大量的時間只為了把最後 10% 到 20% 的部分完美解決。如果你已磨練出重構的能力，你將能夠適時演進你的解決方案，以因應最終的規格需求。

重構的好處

除了能夠有信心地更快開始解決問題之外，重構還能帶來一些切實的好處。雖然它可能不是解決所有問題的正確工具，但它確實能對你的應用程式、工程團隊和更廣泛的組織產生持久而正面的影響。我們討論兩大好處：提升開發人員的生產力，並讓找出臭蟲的工作更為輕鬆。雖然有些人可能認為重構所帶來的好處，比這裡討論的要多得多，但我主張它們都可以歸結為這裡所介紹的兩大主題。

開發人員生產力

重構的主要目標之一是生成易於理解的程式碼。在你進行推理時簡化難懂的解決方案，不僅有助於更好地瞭解程式碼正在執行什麼操作，也能為之後接手你的每個人帶來同樣的好處。可以輕鬆理解的程式碼對於團隊中的所有人絕對都有益，無論他們的任期或經驗水準是如何。

如果你是團隊中的專職工程師，你通常會對源碼庫的某些部分非常熟悉，但是，隨著源碼庫的增長，你會對越來越多的部件感到陌生，而且你的程式碼也越來越可能對這些部件產生依賴關係。想像你正在實作一項新功能，而在將解決方案編入整個系統時，你從你非常熟悉的程式碼跳到不熟悉的領域探險。如果你所不瞭解的區域得到妥善維護，並定期進行重構以因應不斷變化的產品需求和缺陷修復，你將能縮小進行變更的理想位置，<u>並且</u>更快地憑直覺看到輕鬆的解決方案。但如果該程式碼隨著時間的推移而劣化，因為累積了許多不完善的臭蟲補丁，而且長度不斷膨脹，你就得花費更大量的時間瀏覽過每行程式碼，先試著理解程式碼要做什麼以及它如何做到，然後才能再花點時間推理出可接受的解決方案（將別人拖入這折磨人的程式碼「兔子洞」並不罕見，不管那是與你協作的另一名工程師，還是熟悉那些程式碼到足以回答你問題的工程師）。

源碼庫熟悉度的演進過程

對於只有少數幾個工程師維護的小型的源碼庫，工程師大部分都對源碼庫的每個部分非常熟悉的情況並不罕見。隨著更多模組的添加和修改，工程師開始專業分工，熟悉度就會逐漸降低，最終，源碼庫會到達一個臨界質量，任何一位工程師（甚至是第一位雇用的那名！）都不可能熟悉一切。

讓我們反轉這個場景。如果另一個團隊不熟悉你團隊程式碼的一名同事被迫試著閱讀該程式碼，情況會如何？他們能輕鬆瞭解它的工作原理嗎？你比較可能預期看到問題和困惑的表情，還是程式碼審閱的請求？

如果你是團隊裡的新工程師呢？也許這是你最近的情況，又或者你最近把某人帶入你的團隊，而你可以從他身上汲取經驗。他們對於源碼庫完全沒有任何心智模型可言。他們對程式碼任何區域取得信心的能力正比於程式碼的可讀性。他們不僅能夠有機地建置出源碼庫中不同單元之間關係的精確心智表徵，而且還可以解釋程式碼在做什麼，無須向隊友提出問題。（值得注意的是，知道何時可以向同事提問，以及如何提問，是一項必須磨練的重要技能。在尋求幫助之前，學著評估自己需要多長時間來建立自己的理解，

然後再去請求協助，是很困難的，但這對於身為開發者的成長來說是很關鍵的。詢問問題並不是壞事，但如果你是團隊中的專職工程師，並感受到了問題的轟炸，或許就該是時候編寫一些說明文件，並重構一些程式碼了。）

我們在開發新東西時都傾向於複製既定模式。如果我們引用的解法是清晰且簡潔的，我們就更有可能傳播清晰和簡潔的程式碼。反過來也為真：如果我們參考的唯一解決方案雜亂無章，我們將傳播凌亂的程式碼。確保最佳模式是最普遍的那種模式，是剛起步的開發人員建立正向回饋循環的關鍵所在。如果他們定期互動的程式碼易於理解，他們也會在自己的解決方案中模仿類似的重點。

辨識出臭蟲

追蹤並解決臭蟲是我們工作中必要（而且有趣！）的一部分。重構可以是完成這兩項任務的有效工具！通過將複雜述句（statements）分解成可一次消化的較短片段，並將邏輯提取到新函式中，你既可以更好地理解程式碼在做什麼，也（希望）可以隔離出臭蟲。在積極撰寫程式碼的同時進行重構，也能讓你在開發過程初期就輕易發現臭蟲，從而完全避免這些錯誤。

請考慮一個情景，你的團隊在幾個小時前將一些新的程式碼部署到生產環境中，其中有一些變更是嵌入到大家都不敢修改的幾個檔案中：那些程式碼根本不可能讀懂，而且包含大量等著發作的臭蟲雷區。不幸的是，你的測試並沒有涵蓋到多個邊緣案例中的一個，而客戶服務部門的人開始前來尋求協助，指出用戶正遭遇某個討厭的臭蟲。你和你的團隊立即開始深入調查，並迅速意識到這個臭蟲，一如預期，位在程式碼中最可怕的部分。幸好，你的隊友能夠一致地再現出問題，而且和你一起寫出一個測試，以驗證正確的行為。現在你得縮小可能有臭蟲的範圍。你採取有條不紊的步驟來拆解雜亂的程式碼：將長長的單行述句轉換為簡潔的多行述句，並將幾個條件式程式碼區塊的內容遷移到個別函式中。最後，你找出了臭蟲所在。現在程式碼已被簡化，你可以快速修復它，執行測試以確認它是否有效，並將修復程式發送給客戶。宣告勝利！

對客戶來說，有時臭蟲只是小麻煩，但有時臭蟲會使客戶完全無法使用你們的應用程式。雖然更具破壞性的錯誤通常需要緊急補救，但你的團隊必須能夠快速解決所有嚴重級別的臭蟲，才能讓用戶滿意。在維護良好的源碼庫中工作可以大大減少開發人員追查和修復錯誤的時間，讓你得以在創紀錄的時間內讓產品正式上線，並為此高興。

重構的風險

儘管重構的好處聽起來很吸引人,但在著手改進你源碼庫的每一吋(或公分)的這個旅程之前,還要考慮一些嚴重的風險和陷阱。我聽起來可能開始像是跳針的唱片,但我仍要重申:重構要求我們能夠確保行為在每次迭代中都保持相同。我們可以編寫一套測試(單元的、整合的、端到端的)來增強我們的信心,確保什麼都沒變,而在確立足夠的測試涵蓋範圍之前,我們不應考慮繼續執行任何重構工作。然而,即使經過徹底的測試,總有微小機會讓東西從縫隙中溜走。我們還必須牢記我們的最終目標:以一種對你和未來與之互動的開發人員來說都很清楚的方式改善程式碼。

嚴重的退化

重構未經測試的程式碼十分危險,非常不鼓勵這樣做。即使是配備有最周全、最精密測試套件的開發團隊仍然會將臭蟲運送到生產現場。為什麼呢?無論大小,每一次變更都會以可衡量的方式破壞系統的平衡。我們盡力讓造成的破壞降到最低,但每當我們改變系統,就有可能導致意想不到的退化(regression)。重構我們源碼庫最為可怕、令人費解的角落時,引入嚴重衰退的可能性尤其令人關切。源碼庫的這些區域之所以會處於當前狀態,正是因為它們經歷了足夠的時間劣化。在成長快速的公司中,它們經常是應用程式運作不可或缺的組成部分,也是最少被測試的。試圖整理這些檔案或函式,可能就像要毫髮無傷走過地雷區一樣,這是可能的,但是非常危險。

發掘休眠的臭蟲

正如重構可以幫助你識別臭蟲一般,它也可能無意中挖掘出休眠的臭蟲(dormant bugs)。在此,我將休眠的臭蟲歸類為最常經由程式碼的結構重組而揭露的一種退化。我們再回頭看看 Simon's Dry Cleaners。該公司已開始以相同的交貨頻率訂購更大批的清潔用品,以便從供應商那裡獲得更好優惠。不幸的是,主店面後方沒有太多空間存放產品,所以 Simon's 決定開始在離裝卸門更近的地方堆放貨箱。下了幾週雨後,團隊發現一些離門最近的箱子都濕了,而且分崩離析。屋主注意到後門密封性差,使得水在潮濕的日子容易滲透出來。Simon's 從未在靠近裝卸門之處存放補給品時遭遇問題,單純因為他們以前從未這樣做過,實施新的儲存模式暴露了其基礎設施中的一個關鍵缺陷,若非如此,他們可能永遠也不會發現這個問題。

範圍蔓延（Scope Creep）

重構可能有點像吃布朗尼：剛吃幾口覺得美味，很容易就一直吃下去，不小心全都吃掉。當你吃完最後一口，會出現一點後悔的感覺，或許還會有一陣伴隨噁心的內疚感。做出準確且區域性的改變時所體驗到大幅度即時改善，是非常令人振奮的！很容易被沖昏頭，讓你允許更改的表面積超出合理的界限（reasonable bounds）。什麼是合理的界限呢？要視源碼庫而定，這可以是指單一功能區域或相互依賴的一組小型程式庫。理想情況下，重構過的程式碼所做出的修改必須限制在另一名開發人員可以輕鬆審閱的單一變更集合內。

規劃更大型的重構工作，特別是可能需要耗時數月甚至更長時間的重構時，絕對有必要維持一個緊縮的嚴格範圍。在重構少量表面積（幾行程式碼、單個函式）時，我們都會遇到意外的怪異之處；雖然我們可以持續串聯幾個增強功能有效處理這些怪事，但這種方法會在處理的表面積很可觀時變得危險。規劃的重構所觸及的表面積越大，就越有可能遭遇你沒有預料到的問題。這不代表你是一名糟糕的程式設計師，只是更加顯示你是個人類。藉由遵循一個明確的計畫，你減少了導致嚴重衰退或碰到休眠臭蟲的機會，提高了生產力。持續進行且有條不紊的重構工作就已經夠困難了，還碰上會移動的目標，這只會讓它們更難以實現。

沒必要的複雜性

要小心一開始的過度設計，並容許修改初始計畫的可能性。最主要的目標應該是產生對於人類友善的程式碼，即使代價是犧牲你原本的設計。如果把注意力集中在解決方案而不是流程上，那麼你的應用程式最終就更有可能比當初設計的更不自然且複雜。各層次的重構都應該是迭代（iterative）的。藉由在單一方向上謹慎地小步前進，並在每次迭代中都保持現有行為，你就比較能夠把焦點維持在你終極的目標上。如果只處理螢幕放得下的程式碼，而不是一次面對三十多個程式庫，這就會簡單得多。我們計劃一個新專案時，大多數人通常都會竭盡全力制定詳細的規格文件和執行計畫。即使進行了大量的重構工作，重點還是要很清楚最終產生的程式碼在完成時應該是什麼樣子。

何時需要重構

單純說「當好處勝過於風險時」是很容易的，但這不是一個有用的答案。是的，在實務上，當益處大於風險時，重構就是一種值得努力的工作，但我們如何適當地賦予拼圖的每一塊正確的權重呢？我們如何知道何時到達了臨界點，應該考慮進行重構了呢？

根據我的經驗，說是臨界點（tipping point）倒不如說更像是一個臨界**範圍**（tipping *range*），而且對於每個人和每個應用都會有所不同。判斷這個範圍的上界和下界讓重構有點像是一門主觀科學：沒有公式可以讓我們給出果斷的「是」或「否」答案。幸運的是，我們可以仰賴他人的實證經驗來引導我們做出自己的決定。

小範圍

若想重新設計經過良好測試的程式碼中簡單明瞭的一小部分，應該不會有任何阻礙存在。除非你不確定你重構過的解決方案在客觀上是否比其前身更好，或者你擔心改變會影響到過大的表面積，否則這很可能是值得的努力。小心地打造幾個 commits，並讓你做的改變推展開來！我們將在本章後面部分看到一個明顯屬於此類的例子。

程式碼的複雜性不斷阻礙開發

有些時候，我們必須冒險進入源碼庫我們害怕的部分。每當讀過那些程式碼，我們的眉頭就開始深鎖、心臟跳得更用力、神經元也開始放電。然後就是我們不得不咬緊牙關、鑽進去，做出我們想要的變更之時刻。但在脅迫下進行開發，是無意中引發更多問題的一種必然途徑。當你過度專注於做正確的事情，把問題的許多維度都同時放在腦海中，你就有對**實際**目標失焦的風險。若你的心思落在他處，你要如何充分執行那個目標呢？

如果程式碼的那個部分尚未咬我們一口，我們通常會冒這個險，努力一試。如果它已經攻擊了我們或隊友（有時不止一次），那麼現在為了防止未來失誤而把手術刀直指那段程式碼所涉及的風險，可能會超過讓它繼續停留在當前狀態的風險。如果你不確定天秤傾向哪一邊，那就和隊友談談，並收集一些資料，查看過去六個月內捕捉到的臭蟲，看看有多少可以追溯到源碼庫的這個部分。

產品需求的轉變

產品需求的劇烈變遷往往會表現在程式碼的大幅改變上。儘管我們奮力為應用程式中的每個功能編寫抽象、可擴充的解決方案，但我們仍然無法預測未來，而雖然我們的程式碼可能有辦法輕易適應小型偏差，但它們很少能完全適應大型偏差。這些轉變給了我們一個難得與業務相關的機會，讓我們回到白板前，重新構思自己的設計。

你可能在想，這些轉變不可能保留原本的行為。在相同的輸入下，現在我們必須提供不同的輸出！這為什麼是進行重構的好機會呢？如果你程式碼目前的狀態，沒辦法很好地適應新的需求，你就必須找到一個解決方案以繼續支援當前的功能，並且無縫支援未來

的功能。可以先對你的程式碼進行重構,然後(而且也只有到此時才能!)在其上實作新功能。如此,你就可以繼續設下高品質程式碼的標準,兌現重構的所有好處,同時支援業務目標。再說一次,這是勝利!勝利!勝利!

效能

提升效能可能是一項艱鉅的任務,你必須先深入瞭解現有的行為,然後識別出可以拉哪些槓桿來使天秤傾向好的那邊。從一個乾淨的平台(或作為第一步,自己打造一個)開始著手,最有利於你做到這一點。妥善分離出你找到的槓桿,使其更易於操作,而且沒有產生下游效應的風險,也是關鍵。

 並非所有開發人員都認為增進效能是重構的有效理由之一,有些人認定一個系統的效能本質上是其行為的一部分,因此以某種方式改變它也會更動行為。我不同意。如果我們繼續使用我們的重構定義,其中為通用系統提供一組輸入,它就能持續產生預期的一組輸出,那麼改善生成那些輸出的速度(或減少記憶體負擔)也會是重構的有效形式。

為此目的進行重構有一個重要的獨特之處:它並不能確保結果產生的程式碼更容易親近。有時,我們讀過源碼庫時,會遇到很長的註解區塊,對其下方的程式碼發出警告。根據我的經驗,這些註解大多是要提醒讀者對一(或更多)種複雜情況保持警惕:奇怪的應用程式行為、臨時的變通方法,以及怪異的效能補丁。這些「簡短故事」所提示的大部分效能改良都是巧妙編寫的,利用到對源碼庫的深入理解,以將受影響的表面積最小化。這些「改良」更容易在較短時間內出現退化現象,因此不是重構旨在促進的可持續發展性(sustainability)的好例子。值得一試的效能改良,也就是能歸類在重構大傘之下的那些,是深刻而影響深遠的,它們是大規模部署的有效重構的好例子。我們將在第二部中更深入介紹這些變更。

使用新技術

在軟體開發領域,我們經常採用新技術。無論是為了跟上業界最新趨勢、增強擴展規模以服務更多用戶的能力,還是以新的方式使我們的產品成熟,我們都在不斷評估新的開源程式庫、協定、程式語言、服務提供商等。做出決定使用新東西並不是輕而易舉的事,這有部分是因為與現有源碼庫進行整合所需的成本。如果我們選擇以新的解決方案取代(replace)現有解決方案,我們就必須制定棄用計畫(deprecation plan),方法是識別出所有受影響的呼叫點(callsites)並遷移它們(有時是一次一個)。如果我們選擇

採用（*adopt*）一項持續發展的新技術，就必須找出高槓桿的候選產品，以便盡早採用，並計畫將利用率擴展到所有相關使用案例。

我不會列舉出運用新技術會影響系統的每一種方式（有很多種方式），但從這兩種場景可以看出，每種方式都需要對當前的系統進行仔細的審核。幸運的是，稽核可以揭示重構的最佳機會！我想花些時間告知這是一個有爭議的觀點。因為單是採用新技術就有風險，其他開發人員可能會勸阻你做出任何額外的改變。然而，我堅信，為你的系統引入新事物的最糟糕方式就是把它直接塞入，與龐大、交雜的混亂並存。為了給它最好的機會去實現它的用途，我認為最好花時間去清理它會最先接觸到的區域。

我們可以輕易將這個概念套用到 Simon's Dry Cleaners。假設它最近訂了一台最先進的環保型乾洗機。在制定安裝計畫時，業主們意識到他們現有的樓層規劃有嚴重效率不彰之處。員工們必須沿著排成一條長龍的機器，走將近三十英尺遠，才能到達機架，拿起預先準備好的服裝。如果他們重新調整機器的方位，讓員工只需走幾英尺就能抵達機架，他們就能在每個週期中少花幾分鐘。他們決定以修改後的配置安裝新的機器。藉此，Simon's 可能降低對環境的不良影響，並提高僱員的生產力。雙贏！

何時不要重構

對於開發人員來說，重構可以是非常有用的工具。許多開發人員相信，花在重構上的時間總是值得的，但實際上並沒有這麼簡單。重構需要適當的時機及合適的場合，最成熟的開發者都明白，知道何時需要重構，而何時**不要**，是很重要的。

想找樂子或覺得無聊時

閉上眼睛一分鐘，想像自己坐在電腦前。你正在看一個特別糟糕的函式。它太長了，試圖做太多事情。它的名稱早已沒辦法有意義地描述它的責任。你渴望去修復它。你很想把它分成定義清晰、簡潔的單元，裡面會有更好的變數名稱。這會很**有趣**。但這是你現在能做的最重要的事情嗎？也許你的隊友已經等你審閱程式碼好幾天了，又或者你一直在拖延，不去寫一些測試？如果你深入研究一些粗陋的舊有程式碼並且把玩它，只是為了娛樂自己，你或許是在為自己（以及你的隊友）幫倒忙。

如果你是為了好玩，很有可能你並沒有注意到你所做的改變會對周圍的程式碼、整個系統和同事造成什麼影響。我們為了樂趣而重構時，都有不同的動機存在：我們更有可能使用牽強附會的語言功能，或者嘗試一種一直想試試看的全新模式。另外還有時間和空

間讓我們去嘗試新事物、去伸展我們寫程式的肌肉，但重構並非那種時機。重構應該是一個經過深思熟慮的過程，在此過程中，焦點應該嚴格限定在提供（理想上）最小的變化以達成最大的正面效應。

因為你剛好碰上

想像這個畫面：你寫了一些程式碼，並讓它正式上線，然後開始研發一項新功能。幾個月後你回到你的那段程式碼，要擴展功能。不幸的是，它看起來和你最初寫的東西完全不同。上百萬個問題在你腦海裡湧現。這裡發生過什麼事？

你可能會成為「剛好經過的重構員（drive-by refactorer）」的獵物。這種同事經驗豐富，對如何寫程式有些真知灼見。他們是其他工程師諮詢設計決策的人。他們還有一種不幸的傾向：在遇到時改寫他人程式碼。他們認為這麼做對每個人都有好處。

你可能會傾向於同意，但想想這一點：如果這種工程師在源碼庫某個區域中修改了程式碼，而他們不是那個區域的活躍貢獻者，那麼他們很有可能會降低負責該區域的人的工作效率。我們熟悉自己負責的程式碼時，最有生產力。當我們的任務是快速解決一個問題，不管它是生產過程中的嚴重事件，還是一個小臭蟲，我們都會使用我們思維中的程式碼模型來縮小問題可能出現的檔案、類別或函式。如果我們打開編輯器時發現，東西都跟我們上次離開時不一樣了，我們會迷失方向，無法盡快解決該問題。這在工時、客戶服務時間以及可能失去的業務方面都為我們的雇主帶來了很大的成本。

沒有向原作者說明你做了重構，在兩個不同的方面都是不好的事情。首先，他們嚴重侵蝕作者的信心。不管我們多麼努力試著與我們的程式碼一刀兩斷，我們卻總是對我們所編寫的程式碼保有一點點個人自豪感和所有權。我更希望有人能坦誠地告訴我，我的解決方案有何缺點，並告訴我如何修正它，而不是在問題已經被解決後發現它們。對於新進工程師來說，這尤其有害。想像你剛從學校畢業一年，某天你上班的時候發現你花了數週的時間拼湊出來的程式碼，已經在幾個小時內被一位更資深的工程師重新寫了，而且你從未跟他說過話。這感覺真的不太好。

其次，他們可能不清楚當初編寫時圍繞在該程式碼四周的初始情況。如果面對的程式碼並不是由「剛好經過的重構員」所主動維護的，這尤其麻煩。為什麼這很重要？程式設計全都與衡量取捨有關，我們可以運用佔據更大量記憶體的資料結構來寫出更快的解決方案，或者改用近似計算而非精確計算來減少記憶體佔用空間。每行「壞」程式碼也同樣都是要試圖解決某個問題。如果盲目地重構它，你可能招惹原作者小心翼翼避開的臭蟲或陷阱。

不要當個「剛好經過的重構員」，做一個用意良善的重構員。不要去重構不是你負責維護的程式碼，如果真的要那麼做，請確定你有先跟負責那段程式碼的程式設計師討論過。

為了讓程式碼更容易擴充

許多重構專家提倡重構作為使程式碼更易於擴充的一種手段。儘管這可能是良好重構的明確結果，但為了未來的可延續性而改寫程式碼可能並不明智。在沒有把握得到立即且切實的勝利之情況下，花費在重構上的時間可能是一種心力的浪費，你的變更可能不會在相對短的時間內得到回報，在絕對最糟糕的情況下，可能在程式碼的生命週期內都不會發生。

如果你能夠對某個程式碼區塊進行適當的變更來推進你的專案，你大概就不應對其進行重構。大多數公司都有新的功能要開發，而且有臭蟲尚待修補。一般來說，這些幾乎總是有最高的優先序。除非您有一套具體的目標，並且有令人信服的理由認為這會直接影響公司的利潤，否則你的管理階層將無法被說服。但別失望！我們會在接下來的章節中協助你建立一個重構的商業案例。

你沒有時間的時候

唯一比急需重構的程式碼更糟糕的，是重構到一半的程式碼。陷入不確定狀態的程式碼對與之互動的開發人員來說很令人困惑。若沒有明確的時間點指出何時重構完成，它就會造成半永久性的混亂。讀到重構到一半的程式碼時，讀者往往很難分辨出要遵循的方向或實作，尤其是重構的人沒有留下任何註解的時候。你甚至可能錯誤假定哪些程式碼將被長期採用，然後在一個即將被棄用的區塊中實作某項必要變更。這類錯誤會迅速堆積起來，導致更快速、更嚴重的程式碼腐蝕現象，侵蝕你一開始希望改善的那些部分。

決定開始重構某些東西時，請確保你有足夠的時間推動計畫直至完成。如果不能，請嘗試縮小你的更改範圍，以便你仍然可以做出一些改進，但可以輕鬆抵達終點線。不完整的重構所帶來的任何暫時性好處，都絕對不會超過未來開發人員與它互動時的困惑和挫折感。

我們的第一個重構範例

現在，我們已經建立了堅實的基礎，以開始理解重構的目標，以及在正確的環境下，它如何使我們成為更好的程式設計師，讓我們透過一個小小的例子使這一切更為生動。這個例子比我們會在本書中談到的那種重構工作範圍小很多，但是它幫助我們將一些概念以較小的尺度來闡釋，以便我們及早熟悉它們。

假設我們在一所大學工作，在那裡我們開發並支援一個簡陋的程式，助教們（TA）用此程式送出作業成績。TA 們使用該程式來驗證作業成績是否落在教授指定的某個範圍內。此範圍是可配置的，因為教授設計的作業結構都不同，因此並非所有問題集都按 0 到 100 的點數級別進行評分。舉個例子，假定有包含 10 個問題的一個問題集。每個問題最多值 6 分。如果正確回答所有問題，最終的成績會 60 中的 60 分。如果沒有交出作業，你會得到 0 分。

教授們使用相同的工具以確保指定作業的平均分數落在預期範圍內。給定我們之前的例子，假設這位教授希望將該問題集的平均設定在 42 到 48 點之間（百分比分數則介於 70% 到 80% 之間）。他們可以提供此預期範圍給這個程式，然後程式會處理最終成績並判斷平均值是否位在這些界限之內。

負責此邏輯的函式稱作 checkValid，並顯示在範例 1-1 中。

範例 *1-1　一個令人困惑的小型程式碼範例*

```
function checkValid(
  minimum,
  maximum,
  values,
  useAverage = false)
{
  let result = false;
  let min = Math.min(...values);
  let max = Math.max(...values);
  if (useAverage) {
```

```
    min = max = values.reduce((acc, curr) => acc + curr, 0)/values.length;
  }

  if (minimum < 0 || maximum > 100) {
    result = false;
  } else if (!(minimum <= min) || !(maximum >= max)) {
    result = false;
  } else if (maximum >= max && minimum <= min) {
    result = true;
  }
  return result;
}
```

我們馬上就可以發現一些問題。第一，函式名稱並沒有完全捕捉到它所負責的工作。對於具有泛用名稱的函式，例如 checkValid，我們無法確定應該對此函式有何期望（特別是函式宣告頂端沒有任何說明文件時）。第二，並不清楚行內值 (0, 100) 代表什麼。根據我們對函式預期行為的瞭解，我們可以推斷這些數字代表任何作業允許的絕對最小和最大點數值。在此情境中，最小值為 0 是合理的，但為什麼要堅持上限為 100 呢？第三，其邏輯很難理解，不只是要推理的條件有不少個，行內的邏輯也可能很複雜，使我們很難快速地推理每一種情況（case）。乍看之下，幾乎不可能知道這個函式是否包含錯誤。我們可以花相當長的時間來列舉這些簡短的程式碼行中包含的許多問題，但是為了簡單起見，我們就停在這裡。

這麼少行的程式碼怎麼會如此難以理解呢？持續開發中的程式碼會定期修改，以處理小而低衝擊的變化（錯誤修復、新功能、效能調整等）。不幸的是，這些修改會累積，常常導致更冗長、更迂迴的程式碼。從程式碼結構中，我們可以識別出在函式最初寫成後可能發生過的兩個變更：

• 對所提供的那組值的平均而非那些值的總和進行範圍驗證的能力。我可以推斷此功能是之後引入的原因有二：useAverage 是一個選擇性的 Boolean 引數，預設值為 false，這表示現有的某些呼叫點並不預期第四個引數。Boolean 引數是程式碼的一種氣味，我們很快會談到這點。此外，這段程式碼覆寫 min 和 max 來反映單一的新平均值以方便處理。這表明作者正在尋找最簡單的方法來處理此需求，同時修改最少量的程式碼。

- 確保提供的範圍不低於 0 或高於 100。讓教授們不得建立超過 100 分的作業，似乎有些奇怪，但我們可以暫時假設這是刻意如此設計的行為。雖然這並非一條決定性的線索，但我們可以推測這個行為是後見之明所引入的，因為有放置條件式以驗證該範圍的絕對極限。為什麼不立即驗證所提供的最小和最大界限是否落在可接受的範圍內呢？此變更的作者可能很快識別出了一系列的條件式，並認定最容易新增一個條件式的位置就在最尾端。我們可以藉由查看版本歷史來確認我們的假設，希望找到原始的 commit 和有用的 commit 訊息。

簡化條件式

首先，讓我們簡化 if 述句的邏輯。我們可以輕易做到這點，只需提前從函式回傳一個結果，而非估算每個分支並回傳一個最終值。在提供的最小值和最大值落在 0, 100 的範圍外的情況中，我們也會提早回傳，如範例 1-2 所示。

範例 1-2　具有提早回傳的一個小型範例

```
function checkValid(
  minimum,
  maximum,
  values,
  useAverage = false
) {

  if (minimum < 0 || maximum > 100) return false; ❶

  let min = Math.min(...values);
  let max = Math.max(...values);

  if (useAverage) {
    min = max = values.reduce((acc, curr) => acc + curr, 0)/values.length;
  }

  if (!(minimum <= min) || !(maximum >= max)) return false; ❷
  if (maximum >= max && minimum <= min) return true; ❷

  return false;
}
```

❶ 如果最小或最大值落在範圍外，就提早回傳。

❷ 盡可能藉由提早回傳來簡化邏輯。

現在我們終於有進展了！讓我們看看是否能藉由推理過該函式會回傳 false 的所有情況來進一步簡化邏輯：有一個情況是，計算出來的最小值小於所提供的最小值，也有一個情況是計算出來的最大值大於所提供的最大值。我們可以透過提早失敗來替換當前的條件，並只在驗證過這些簡單失敗情況的每一個之後，才回傳一個 true 的結果。範例 1-3 闡明了這些變更。

範例 1-3　具有簡化過的邏輯的一個小型範例

```
function checkValid(
  minimum,
  maximum,
  values,
  useAverage = false
) {

  if (minimum < 0 || maximum > 100) return false;

  let min = Math.min(...values);
  let max = Math.max(...values);

  if (useAverage) {
    min = max = values.reduce((acc, curr) => acc + curr, 0)/values.length;
  }

  if (min < minimum) return false; ❶
  if (max > maximum) return false; ❶
  return true; ❷
}
```

❶ 推理過那些情況，並讓每個 if 述句只有一個條件，藉此簡化邏輯。

❷ 只在我們確定了那些值是有效之時，提早失敗並回傳 true。

抽取出魔術數字

我們的下一步會是抽取出那些行內數字（或稱為 magic numbers，魔術數字）成為名稱有意義的變數。我們也會把 values 改名為 grades 以更清楚顯示它的用途（又或者，我們能以函式宣告把這些定義在相同範疇中作為常數）。範例 1-4 展示這些整理動作。

範例 1-4　變數名稱清楚的一個小型範例

```javascript
function checkValid(
  minimumBound, ❶
  maximumBound, ❶
  grades, ❶
  useAverage = false
) {

  // 有效的指定應該永遠都不允許小於 0 分的指定
  var absoluteMinimum = 0; ❷

  // 有效的指定應該永遠都不能超過 100 分
  var absoluteMaximum = 100; ❷

  if (minimumBound < absoluteMinimum) return false; ❸
  if (maximumBound > absoluteMaximum) return false; ❸

  let min = Math.min(...grades);
  let max = Math.max(...grades);

  if (useAverage) {
    min = max = grades.reduce((acc, curr) => acc + curr, 0)/grades.length;
  }

  if (min < minimumBound) return false;
  if (max > maximumBound) return false;
  return true;
}
```

❶ 為參數改名以描述其角色。

❷ 為魔術數字適當命名以新增情境脈絡。

❸ 將複雜的條件式拆分成兩個較簡單的 if 述句以進一步簡化邏輯。

抽取出自成一體的獨立邏輯

接著，我們可以將平均值的計算抽取出來作為一個個別的函式，如範例 1-5 所示。

範例 1-5　其函式的責任明確的一個小型範例

```
function checkValid(
  minimum,
  maximum,
  grades,
  useAverage = false
){
  // 有效的指定應該永遠都不允許小於 0 分的指定
  var absoluteMinimum = 0;

  // 有效的指定應該永遠都不能超過 100 分
  var absoluteMaximum = 100;

  if (minimumBound < absoluteMinimum) return false;
  if (maximumBound > absoluteMaximum) return false;

  let min = Math.min(...grades);
  let max = Math.max(...grades);

  if (useAverage) {
    min = max = calculateAverage(grades);
  }

  if (min < minimumBound) return false;
  if (max > maximumBound) return false;
  return true;
}

function calculateAverage(grades) { ❶
  return grades.reduce((acc, curr) => acc + curr, 0)/grades.length;
}
```

❶ 將平均值的計算抽取出來成為一個新的函式。

隨著我們如此迭代改善我們的解決方案，越來越明顯的是，處理成績集合平均值的邏輯似乎越來越不恰當。接下來，我們將藉由建立兩個函式來繼續改進我們的函式：一個驗證一組成績的平均值是否落在一組界限內，另一個驗證一個集合中的所有成績是否都發生在最小值和最大值內。此時，我們就能以數種方式將程式碼重新組織為更加專一的函式。只要我們找到能有效將兩個不同情況的邏輯分離的方法，就沒有正確或錯誤答案之分。範例 1-6 展示了一種進一步簡化我們 checkValid 函式的方法。

範例 1-6　具有定義更良好的函式的一個小型範例

```javascript
function checkValid(
  minimum,
  maximum,
  grades,
  useAverage = false
){

  // 有效的指定應該永遠都不允許小於 0 分的指定
  var absoluteMinimum = 0;

  // 有效的指定應該永遠都不能超過 100 分
  var absoluteMaximum = 100;

  if (minimumBound < absoluteMinimum) return false;
  if (maximumBound > absoluteMaximum) return false;

  let min = Math.min(...grades);
  let max = Math.max(...grades);

  if (useAverage) {
    return checkAverageInBounds(minimumBound, maximumBound, grades); ❶
  }

  return checkAllGradesInBounds(minimumBound, maximumBound, grades); ❷
}

function calculateAverage(grades) {
  return grades.reduce((acc, curr) => acc + curr, 0)/grades.length;
}

function checkAverageInBounds(
  minimumBound,
  maximumBound,
  grades
){ ❶
  var avg = calculateAverage(grades);
  if (avg < minimumBound) return false;
  if (avg > maximumBound) return false;
  return true;
}

function checkAllGradesInBounds(
  minimumBound,
  maximumBound,
```

```
  grades
){ ❷
  var min = Math.min(...grades);
  var max = Math.max(...grades);

  if (min < minimumBound) return false;
  if (max > maximumBound) return false;
  return true;
}
```

❶ 抽取出此邏輯自成一個函式，判斷成績的平均值是否落在最小和最大值的界限之內。

❷ 擷取出此邏輯作為一個個別的函式，判斷是否所有的成績都位在最小和最大值的界限之間。

這樣就好了！我們以六個簡單步驟成功地重構了 checkValid。

一個更完善的解決方案

在此例中，此函式的真正完整修訂還會涉及一些額外的變更。我們將編寫一個新函式，將 7 到 14 行的邏輯封裝起來。接著，我們將在 checkAverageInBounds 與 checkAllGradesInBounds 中的第一步調用此函式。最後，我們會找出 checkValid 中的所有呼叫點，並在 useAverage 被設為 true 的時候以對 checkAverageInBounds 的直接呼叫取代它，或在 useAverage 被省略或設為 false 的時候以 checkAllGradesInBounds 的直接呼叫取代。我們不再需要查看 checkValid 的函式定義來瞭解選擇性的 Boolean 參數控制什麼，也不必讀過程式碼來理解「有效（valid）」的成績集合代表什麼。我們最後終於可以從源碼庫中完全移除 checkValid。

我們的新版本有一些明顯的好處。只需一瞥，我們就能清楚瞭解程式碼的目標。我們還藉由簡化條件使其效能略微提高，並也簡化了易出錯的邏輯。總而言之，下一位開發人員更有可能有辦法在此解決方案上進行擴充，而不會遭遇太多麻煩。這只是稍微帶你們一窺在微觀層次上進行策略性重構可能為你的應用程式帶來的正面影響，現在想像一下，當它被**大規模**應用時，會帶來何等衝擊。

但是，坐在鍵盤前開始勤奮重構之前，我們需要正確定位自己。我們得瞭解我們想要改善的程式碼之歷史，為此，我們需要瞭解程式碼是如何退化的。

第二章

程式碼是如何劣化的

成功跑完一場馬拉松是令人印象深刻的壯舉。雖然我個人從來沒有接受過那種挑戰,但我的不少朋友都有。然而,可能會讓你感到驚訝的是,這些朋友中,絕大多數在決定報名參加他們的第一個半程或全程馬拉松之前,都不是熱衷跑步的人。藉由堅定定期的、可持續下去的訓練計畫,他們能夠在短短幾個月內建立起必要的耐力。

我朋友大多數的身體狀況都很不錯,但如果你的目標是跑一場馬拉松,而且你目前大部分的身體活動頂多是從沙發上站起來,走到儲藏室拿一袋洋芋片,你將面臨更多的困難。你不僅得先打造出一個經常活動的人會有的心肺功能和身體耐力,你還必須養成習慣經常運動並且吃健康的食物(即使你最想要的是坐在舒適的椅子上,吃一大片滿是起司的披薩)。

訓練中的小波動會造成嚴重的阻礙。如果你沒有足夠的睡眠,或者被炙熱的天氣弄得措手不及,你會更快感到疲勞,影響你跑出目標距離的能力。即使是在馬拉松巔峰狀態下,你也要為比賽當天的未知數做好準備。可能會下雨、你的鞋帶可能會斷裂、你可能會被困在密集的跑者人群中。你要學會掌握你能控制的變數,但必須願意並準備好隨機應變。

作為一名程式師就有點像馬拉松選手。兩者都需要持續不懈的努力。兩者都是奠基在之前的進展之上,一個 commit 一個 commit 的進行,或一英里一英里的前進。認真努力保持健康的習慣,可以使你在幾週內恢復到馬拉松比賽的狀態或巔峰的開發速度,而不是要花幾個月的時間。對自己的內外部環境保持高度警惕,並做出相應的調整,是順利完成比賽的關鍵。同樣的道理也適用於軟體開發:對源碼庫狀態及任何外部影響保持高度警惕,是最大限度地減少阻礙並最終確保順利到達終點線的關鍵。

在本章中，我們將討論為什麼瞭解程式碼如何劣化（degrades，或稱「退化」）是成功重構工作的關鍵。我們將研究停滯或處於積極開發中的程式碼，並藉由從最近和早期電腦科學歷史中提取的一些例子，描述這些狀態中的每一種可能發生程式碼劣化的方式。最後，我們將討論可以早期檢測到劣化的方法，以及我們如何完全防止這種退化情形。

為何瞭解程式碼的劣化過程是很重要的

感受到的效用下降時，程式碼就已經劣化了。這意味著，程式碼雖然曾經是令人滿意的，但從開發的角度來看，它要麼不再像我們希望的那樣表現良好，要麼變得不那麼容易閱讀或使用。正是由於這些確切的原因，退化的程式碼會是重構的絕佳候選。儘管如此，我堅信，在對某件東西的歷史有了堅實的掌握之前，你不應該著手去改進它。

程式碼不是獨立存在的。今天我們認為是糟糕的程式碼，在最初編寫時很可能是良好的程式碼。藉由花時間瞭解程式碼最初編寫時的環境，以及隨著時間的推移，它是如何由好變壞的，我們就能更好地意識到核心問題所在、瞭解要避開的陷阱，從而有更大的機率把它從壞變好。

廣義來說，程式碼退化有兩種可能的情況。要麼是對程式碼需要做的事情或行為方式的需求發生了變化，要麼是你的組織一直在偷工減料抄捷徑，試圖在短時間內實現更多的目標。我們將這些分別稱為「需求轉變（requirement shifts）」和「技術債（tech debt）」。

我相信重要的是，不要認為你遇到的所有程式碼退化都是由於技術債造成的，這就是為什麼我們要先看看需求轉變會使程式碼隨時間而變壞的多種方式。我們都有這樣的時刻：遇到一些特別可怕的程式碼，然後想「這是誰寫的？我們怎麼會讓這種情況發生？為什麼還沒有人修復它？」。如果我們立即開始重構它，我們精心設計的解決方案就有可能過度強調我們發現該程式碼最迫切需要改變的缺陷，而不是解決它真正的核心痛點。重要的是，要求自己找出程式碼自編寫以來發生了哪些變化，藉此建立對程式碼的同理心。如果我們努力尋求它最初的良善，我們就能開始察覺最初的解決方案所避開的陷阱、因應一組約束條件的巧妙方法，並產生能捕捉所有這些見解的重構結果。

不幸的是，有些時候，在資源非常有限的情況下，我們就只能盡力而為。當我們沒有足夠的時間或金錢來創建一個更好的解決方案時，我們就會開始偷吃步，並積累技術債。雖然這些債務最初的影響可能微乎其微，但它們加總起來的重量，對我們源碼庫的負擔會隨著時間的推移而顯著增加。我們很容易將技術債視為不良程式碼，但我挑戰你重新

定義它。有時，最零散不完整的解決方案是能讓你的產品或功能最快推向市場的解決方案，如果讓你的產品進到使用者手中對你公司的生存至關重要，那麼技術債很可能是值得的。

在你讀過程式碼退化的可能方式時，我鼓勵你嘗試在你最經常與之互動的程式碼中找到其中每一種的例子。你可能無法找到涵蓋所有情況的單一例子，但尋找程式碼退化症狀的過程，可能會使你對你應用程式中你認為最令人沮喪的部分有嶄新的看法。

 一旦你確定了你想要重構的程式碼，如果你能和原作者坐下來談一談，你將獲得寶貴的洞察力，瞭解原作者最初的解決方案是如何成形的以及為何如此。通常情況下，他們能夠立即告訴你為什麼程式碼會退化。如果作者說的類似這樣：「我們當時並不知道…」或者「當時我們認為…」，你很可能遇到的是由於需求轉變而導致程式碼退化的案例。另一方面，如果作者說：「哦，對了，那段程式碼從來就不是什麼好東西」，或者「我們只是想趕在最後期限之前完成」，你就知道你可能是在處理一個標準的技術債案例。

需求轉變

每當我們編寫新的一段程式碼時，我們最好花一些時間明確定義它的目的，並提供詳盡的說明文件來展示預期的用法。雖然我們可能會試著盡力預測任何未來的需求，並試圖設計能夠因應這些新需求的靈活系統，但我們不太可能預測到所有會發生的事。隨著時間的推移，我們的應用程式周圍的環境會發生不可預測的變化，這是很自然的。這些變化會以不同程度影響正在開發中的程式碼和沒被動到的程式碼。在這一節中，我們將以積極開發和非積極開發中的源碼庫為例，討論對我們程式碼面對的需求可能超出其能力的幾種可能方式。

可擴充性

我們經常試圖估計的一個需求是我們的產品需要擴展的方向和程度。這個需求清單可能會變得相當長，並包括廣泛的各種參數。舉例來說，要在系統中創建一個新的使用者條目的一個簡單的 API（application programming interface）請求。我們可以針對請求的預期延遲、請求中執行的資料庫查詢次數、每秒允許的新用戶請求總數等設下一些準則。

推出一項新產品時，我們的首要假設之一就是預期會有多少用戶使用它。我們精心設計出一個我們認為可以輕鬆處理這個數目（在一個安全的誤差範圍內）的解決方案，然後出貨！如果我們的產品成功，我們最終擁有的用戶數可能會比我們最初預期的還要多好幾倍，雖然從商業角度來看，這當然是一個令人驚喜的情況，但我們最初的實作可能無法處理這種未預期的新負載。程式碼本身可能沒有改變，但由於可擴充性要求的急劇變化，它實際上已經相對退化了。

無障礙輔助性

每一個應用程式從一開始就應該努力做到盡可能的無障礙。我們應該使用對色盲友善的配色方案，為圖像和圖示添加替代文字，並確保任何互動式元素都能透過鍵盤取用。遺憾的是，急於推出新產品或新功能的團隊往往往會為了更有衝勁的發佈日期而忽略無障礙性。雖然發佈新功能可能會幫助你留住現有用戶並吸引新用戶，但如果這些功能不能被你預期用戶群中的一部分人所用，你就有失去他們支持的風險。一旦你的產品對某些人來說變得無法取用，它感受到的效用就會大大降低。

儘管自 1999 年以來，Web Accessibility Initiative（WAI）制定的官方版網路無障礙最佳實務做法（*https://oreil.ly/r0376*）的修訂次數不多，但一些重要的修正已經標準化。隨著每一次新的修訂，活躍網站和應用程式的開發人員必須重新審視有時長期未被觸及的程式碼，並實施任何必要的變更以符合最新的標準。無障礙標準的版本修訂可能會相對降低你應用程式的品質。

裝置相容性

每年，硬體公司都會發佈新版本的裝置，有時，他們甚至會更進一步，推出一整類全新的裝置。在智慧型手機、智慧型手錶、智慧型汽車和智慧型電視領域中，我們只能不斷追趕，試圖重新包裝我們的應用程式，以便在最新的硬體上運行無礙。用戶逐漸開始期望他們喜愛的應用能夠在各種平臺上運行。如果你是熱門手機遊戲的開發者，而某家主要的硬體公司發佈了一個具有更高螢幕解析度的新裝置，你有失去很大一部分的用戶群的風險，除非你推出有能力處理更大螢幕的新遊戲版本。

環境變化

當程式的環境發生變化，各種意想不到的行為就會開始表現出來。在現代遊戲電腦裝載強大的 GPU（graphics processing unit）和幾十 GB RAM 的時代來臨之前，我們有安置在商場的簡陋遊戲機，接著小型遊戲主機（gaming consoles）開始出現在我們的客廳。

當時遊戲開發人員設計了巧妙方法，利用非常受限的硬體來打造 *Space Invaders* 和 *Super Mario Bros* 等經典遊戲。那時使用 CPU（central processing unit）的時脈速度（clock speed）作為遊戲中的計時器是標準的做法，這提供了一種穩定、可靠的時間衡量方式。雖然這對於遊戲主機來說並不是問題，因為遊戲卡匣通常與下一代更強大的新主機不相容，但對於在個人電腦上運行的遊戲來說，這就成了一個相當嚴重的疏忽。隨著新電腦上時脈速度的提高，遊戲的速度也隨之提高。想像一下，必須以正常速度的兩倍來堆疊 Tetris 俄羅斯方塊或在 *Super Mario Bros* 中躲避一連串如此快速的 Goomba，到了一定程度，遊戲就完全沒辦法玩了。在這兩個例子中，需求是程式碼在特定的物理硬體上運行，但不幸的是，硬體後來發生了巨大的變化，因此程式碼也相對退化了。

這些類型的環境變化在今天仍然是一種嚴重的問題。2018 年 1 月，來自 Google Project Zero 和 Cyberus Technology 的安全研究人員與 Graz University of Technology 的一個團隊合作，發現了兩個嚴重的安全性漏洞，影響到了所有的 Intel x86 微處理器、IBM POWER 處理器和一些基於 ARM（Advanced RISC Machine）的微處理器。第一個是 Meltdown，允許惡意行程讀取機器上的所有記憶體，即使是在未經授權的情況下。第二個漏洞是 Spectre，允許攻擊者利用分支預測（branch prediction，受影響處理器的一種效能特徵）來揭露機器上運行的其他行程的私有資料。你可以在官方網站（*https://meltdownattack.com*）上閱讀更多關於這些漏洞及其內部工作原理的資訊。

當初披露時，除了運行最新版本 iOS、Linux、macOS 和 Windows 的那些外，所有裝置都受到影響。一些伺服器和雲端服務，以及大多數智慧型裝置和嵌入式裝置都受到影響。幾天之內，這兩個漏洞的軟體變通辦法就出現了，但根據工作負載的不同，這些變通之道要付出 5% 到 30% 的性能代價。Intel 後來的報告指出，他們正在努力尋找方法，以在其下一代處理器系列中幫忙防範 Meltown 和 Spectre。即使是我們認為最穩定的東西（作業系統、韌體），也容易受到自身環境變化的影響，而當這些我們運行無數應用的核心、底層系統受到影響時，我們也會跟著受到影響。

外部依存性

每一個軟體都有外部依存性（external dependencies），僅舉幾個例子，這些依存關係可以是一組程式庫、一種程式語言、一個直譯器（interpreter）或作業系統。這些依賴關係與軟體的耦合程度可能有所不同。這種依賴並不是什麼新鮮事，在人工智慧（artificial intelligence）研究的早期，許多有影響力的程式都是用 Lisp 或類似 Lisp 研究型程式語言所開發的，因為它們是在 1960 年代和 1970 年代早期被積極開發的。SHRDLU 是一個早期的自然語言理解程式，它是在 PDP-6 上用 Micro Planner 編寫的，使用了非標準的巨集和軟體程式庫，而它們現在已經不存在了，因此遭受了無法彌補的軟體衰退。

今日，我們盡最大努力更新我們的外部依存關係，以維持最新的功能並套用安全補丁。然而，有時候，我們不是降低了更新的優先順序，就是沒有跟上更新的腳步，特別是涉及到我們沒有積極維護的程式碼時。雖然讓依存關係落後幾個版本可能不是一個急迫的問題，但它確實有風險。我們會變得更容易受到安全性漏洞的威脅。我們也可能在往後的日子裡讓自己遭遇到困難的升級體驗。

假設我們正在執行的一個程式仰賴名為 Super Timezone Library 的一個開源程式庫的 1.8 版。就在發佈 4.0 版的幾週後，Super Timezone Library 的開發人員宣佈他們將不再主動支援任何低於 3.0 的版本。我們現在至少需要升級到 3.0 版才能繼續移植安全補丁。不幸的是，2.5 版引入了一些回溯不相容的變化，而 2.8 版則廢止了我們應用程式中廣泛使用的功能。在過去幾年裡，為維持此程式庫的最新狀態而進行的小規模定期投資，現在已經變成了更複雜、更緊急的投資。

沒用到的程式碼

需求的變化會導致未用到程式碼產生。以一個對外公開的 API 為例。你的團隊決定廢棄此 API，並警告第三方的開發人員即將發生的變化。不幸的是，在你傳達了預期的變化，從你的網站上刪除了說明文件，並確保沒有外部系統仍然仰賴該端點之後，你的團隊卻忘記了刪除程式碼。幾個月後，一名新的工程師開始實作一項新的功能，偶然發現了那個退役的 API 端點，並很自然地假定它仍然可以使用。他們決定改變其用途，以適合自己的用例。不幸的是，他們很快就發現，該程式碼所做的，並非他們所預期的，這單純因為那個 API 被遺忘在塵埃中，沒有與源碼庫的其他部分相互適應並歷經無數次的需求變更。

從開發者生產力的角度來看，未使用的程式碼也是個問題。每當我們遇到我們認為是沒用到的程式碼時，我們必須非常小心地確定自己是否可以安全地刪除它。除非我們配備了可靠的工具來幫助我們正確地標示出那段死碼（dead code）的範圍，否則我們可能很難確定它的確切邊界。如果我們不確定是否可以刪除它，通常我們就會不去管它，只希望以後有人能判斷出它到底能不能刪。誰知道在它最後被刪除之前，會有多少工程師遇到同一段程式碼，並問自己同樣的問題呢！

最後，如果任由未使用的程式碼堆積，還會是效能的一大障礙。例如，如果你的團隊在一個網站面對使用者的部分工作，瀏覽器請求的 JavaScript 檔案之大小會直接轉化為初始頁面的載入時間。一般情況下，檔案越大，反應越慢。貪婪地請求臃腫的應用程式碼會傷害到用戶體驗。

註解掉的程式碼

若是已經被註解掉的程式碼（commented-out code），那些程式碼很明顯就是未被使用的。我總是建議那些想註解掉程式碼的開發者，如果程式碼有用版本控制（version control）來追蹤，就直接刪除它。若有一天你再次需要它，你可以透過回溯你的提交歷史（commit history）來輕鬆恢復它。

產品需求的改變

大多數時候，為今天或明天的產品需求撰寫一個解決方案，解決我們所理解且容易預見的問題和限制，比為明年寫一個解決方案，試圖解決未來不可知的隱患要容易得多。我們試著盡量務實，權衡當前的顧慮和未來的顧慮，並試著判斷我們應該投入多少時間來解決其中之一。有時候，我們就是沒辦法很直覺地預測未來。

函式的 Boolean 引數（arguments）是一個很好的例子，適合說明在實際工作中預測未來產品需求的難度。大多數時候，Boolean 引數被引入到現有函式中，以修改其行為。（我們在第 18 頁的「我們的第一個重構範例」中看到了一個例子，其中我們使用一個 Boolean 旗標來決定我們是想知道是否有落在一個給定範圍中的，是每個個別成績，還是那些成績的平均值）。當你發現一個函式所做的事幾乎完全符合你的需求，只有很小的一個例外，那麼添加一個 Boolean 旗標通常是你能做的最小、最簡單的改變。遺憾的是，這種類型的改變可能會導致各種問題。我們可以在範例 2-1 中看到一些實際發生的問題，其中我們有一個小型函式負責以給定的一個檔名和指出該檔案是否為 PNG 的一個旗標來上傳一張圖片。

範例 2-1　具有一個 Boolean 引數的函式

```
function uploadImage(filename, isPNG) {
  // 一些實作細節
  if (isPNG) {
    // 執行一些 PNG 限定的邏輯
  }
  // 做些其他事情
}
```

如果幾個月之後，我們決定支援一種新的影像格式呢？我們可能會新增另一個 Boolean 引數來指示 isGIF，如範例 2-2 中所示。

範例 2-2　具有兩個 *Boolean* 引數的一個函式

```
function uploadImage(filename, isPNG, isGIF) { ❶
  // 一些實作細節
  if (isPNG) {
    // 執行一些 PNG 限定的邏輯
  } else if (isGIF) { ❷
    // 執行一些 GIF 限定的邏輯
  }
  // 做些其他事情
}
```

❶ 帶入一個新的 Boolean 引數來指出該影像是否為 GIF 格式。

❷ 一張影像無法同時是 PNG 和 GIF 格式,所以我們在此新增一個 else if。

要呼叫此函式並正確上傳 GIF,我們要記得將第二個 Boolean 引數設為 true。讀者如果遇到呼叫 uploadImage 的程式碼,很可能會感到困惑,需要參照函式定義來瞭解這兩個 Boolean 引數的作用。

在引數具名(named arguments)的語言中,我們就不會那麼擔心需要參照函式定義來瞭解參數的作用和順序。無論選擇的是什麼語言,可以知道的是,雖然 uploadImage(filename=filename, isPNG=true, isGIF=true) 看起來很荒謬,但它仍是一個完全有效的函式呼叫(而且很有可能在將來導致臭蟲)。範例 2-3 顯示了一個例子,其中讀者可能很難辨別在給定的情境下,uploadImage 到底做些什麼事。

範例 2-3　上傳一張 *GIF* 影像的一個函式

```
function changeProfilePicture(filename) {
  // 一些實作細節
  if (isAnimated) {
    uploadImage(filename, false, true); ❶
  } else {
    uploadImage(filename, true, false); ❷
  }
  // 做些其他事情
}
```

❶ 在此我們上傳一張 GIF 影像。

❷ 否則,我們上傳一張 PNG 影像。

開發人員讀過像是 changeProfilePicture 這類的函式時，不僅很難理解 uploadImage 的工作原理，而且如果未來引入更多的影像格式，繼續保持這種模式是撐不了多久的。當時添加第一個 Boolean 引數以支援 isPNG 的開發人員所關注的，主要是那當下的問題，而非未來的問題。更好的做法是將邏輯拆成不同的函函式：uploadJPG、uploadPNG 與 uploadGIF，如範例 2-4 所示。

範例 2-4　上傳不同類型檔案所用的不同函式

```
function uploadImagePreprocessing(filename) {
  // 一些實作細節
}

function uploadImagePostprocessing(filename) {
  // 做些其他事情
}

function uploadJPG(filename) {
  uploadImagePreprocessing();
  // 處理 JPG
  uploadImagePostprocessing();
}

function uploadPNG(filename) {
  uploadImagePreprocessing();
  // 處理 PNG
  uploadImagePostprocessing();
}

function uploadGIF(filename) {
  uploadImagePreprocessing();
  // 處理 GIF
  uploadImagePostprocessing();
}
```

現在你可能疑惑，如果我們以後可以直接重構它的話，為什麼添加 isPNG 這個 Boolean 引數還是一種嚴重的問題。為了正確替換出現 uploadImage 的所有地方，我們需要單獨審查每個呼叫點，並根據 Boolean 引數是否設為 true，使用 uploadJPG 或 uploadPNG 來取代它。因為這些改變必須手動進行，而且又很乏味，我們做出錯誤替換的可能性相當大，可能會導致一些嚴重的退化情況。根據問題影響的範圍有多廣，以及它與其他關鍵業務邏輯的緊密耦合程度，重構看似簡單的 Boolean 引數可能是一項艱鉅的任務。

技術債

技術債（tech debt）背後最常見的罪魁禍首是時間很有限、工程師數量不多和資金很少。鑑於科技公司全都在一個或多個軸向上面臨緊縮的資源，所有的每一家都有技術債，不管是只成立 6 個月的小型初創公司、有幾十年歷史的巨大企業集團，或是介於兩者之間的每一家公司，都有相當數量的殘缺程式碼。在本節中，我們將仔細研究這些影響因素如何導致技術債的累積。儘管指責程式碼的原始作者並怪罪他們做出今日看來不甚理想的決定很容易，但重要的是要記住，他們當時受制於嚴重的約束。我們必須承認，有時在緊迫的壓力之下，要寫出好的程式碼簡直是不可能的。

圍繞著技術選擇的工作

實作一些新的東西時，我們必須對要使用的技術做出一些關鍵的決定。我們必須挑選一種語言、一個依存關係管理程式、一個資料庫等等。在提供應用程式給任何使用者之前，我們要處理的決策清單相當長。這些決定中的許多都是依據工程師的經驗而做下的，如果這些工程師對使用一種技術比使用另一種技術更熟悉，那麼比起採用新的一組技術，他們更容易快速推動專案並使之運行。

一旦專案啟動並進行了一陣子，這些早期的技術決定就會受到考驗。如果某個技術抉擇在應用程式生命週期中夠早的時間點上出現了問題，那麼找到一個合適的替代方案並轉而使用它可能很容易，而且成本也不高，但一般情況下，這些選擇的侷限性要在應用程式成長到了一定程度後才會顯現出來。

其中這樣的一個決定可能是選擇使用動態定型（dynamically typed）的程式語言而非靜態定型（statically typed）的程式語言來開發應用程式。動態定型程式語言的支持者認為，它們使程式碼更容易閱讀和理解；圍繞嚴格定義的結構和型別宣告的間接性較少，使讀者能夠更好、更容易地理解程式碼的目的。許多人還吹捧，由於不需要編譯時間，它們提供了更快的開發週期。

雖然使用動態定型程式語言有很多好處，但當應用程式成長到超過某個臨界質量時，它們就變得難以處理。因為型別只在執行期間驗證，所以開發人員有責任編寫一套完整的單元測試來確保型別的正確性，這套單元測試必須跑過所有的執行路徑，並對預期的行為做出斷言。如果變數名稱沒辦法立即表明它可能是哪種型別，那麼想要熟悉不同結構之間如何互動的新開發人員可能會很不好過。最終需要進行防禦性程式設計（program defensively）的情況並不少見，如範例 2-5 所示，在此，我們斷言傳遞到函式中的值具有一定的特性，而不是無意中產生的 null。

範例 2-5　防禦性程式設計實例

```javascript
function addUserToGroup(group, user) {

  if (!user) {
    throw 'user cannot be null';
  }

  // 斷言必要的欄位
  if (!user.name) {
    throw 'name required';
  }

  if (!user.email) {
    throw 'email required';
  }

  if (!user.dateCreated) {
    throw 'date created required';
  }

  // 斷言不可以有空字串或其他無效的值
  if (user.name === "") {
    throw 'name cannot be empty';
  }
  if (user.email === "") {
    throw 'email cannot be empty';
  }
  if (user.dateCreated === 0) {
    throw 'date created cannot be 0';
  }

  group.push(user);
  return group;
}
```

很有可能這個程式碼樣本的作者經常遇到單純因為 JavaScript 的動態本質而使得無效用戶在執行時期入侵呼叫堆疊的問題。這名作者只是想確保他們只將有效的用戶添加到群組中，這完全可以理解的。遺憾的是，現在 addUserToGroup 主要的關注點變成確保所提供的使用者是有效的，而非把使用者加到群組中。隨著什麼構成有效使用者的決定被做出，這些散佈在源碼庫中的臨時驗證都得更新才行。此外，我們也有更高的機會因為忘記更新這樣的一個位置而引入臭蟲。最終，我們得到的結果是，到處都是冗長、迂迴、容易產生錯誤的函式。

我們可以引入一個新的函式來協助減輕程式碼的退化。假設我們寫了一個簡單的輔助函式來封裝驗證一個 user 物件的所有邏輯，我們將之稱為 validateUser。範例 2-6 顯示了它的實作。

範例 2-6　用來封裝使用者驗證邏輯的一個簡單的輔助函式

```
function validateUser(user) {
  if (!user) {
    throw 'user cannot be null';
  }

  // 斷言必要的欄位
  if (!user.name) {
    throw 'name required';
  }

  if (!user.email) {
    throw 'email required';
  }

  if (!user.dateCreated) {
    throw 'date created required';
  }

  // 斷言不可以有空字串或其他無效的值
  if (user.name === "") {
    throw 'name cannot be empty';
  }
  if (user.email === "") {
    throw 'email cannot be empty';
  }
  if (user.dateCreated === 0) {
    throw 'date created cannot be 0';
  }

  return;
}
```

然後我們可以更新 addUserToGroup 來使用這個新的輔助函式，大幅簡化其邏輯，如範例 2-7 中所示。

```
function addUserToGroup(group, user) {
  validateUser(user);
  group.push(user);
  return group;
}
```

不幸的是，雖然對我們來說呼叫 validateUser 要容易得多，但替換我們之前列出每個檢查的所有位置，將不會是一項簡單的任務。首先，我們必須找出每個這樣的位置。如果我們面對的是個龐大的源碼庫，這可能是一項艱鉅的任務。其次，在審查每一個位置的過程中，最終我們可能會發現在某些地方我們忘記了一兩個檢查。在某些情境下，這是一種臭蟲，而我們可以安全地以 validateUser 的單次呼叫來替換這些檢查；在另一些情況下，這可能是刻意的，我們無法盲目地用我們新的輔助函式替換現有的程式碼，以免帶來衰退的風險。因此，為了減輕我們防禦性程式設計的負擔，我們必須計畫並執行一次規模可觀的重構。

長期缺乏組織

維護一個有條理的源碼庫有點像維持一個整潔的家。似乎總有一些更重要的事情，比整理堆在衣櫃上的衣服或整理咖啡桌上堆積的郵件更需要去做。但我們積累得越多，最終要去做的時候，就得花費更多的時間去梳理這一切。你甚至可能會讓雜物累積到開始溢出到了其他平台的地步。我的父母在鼓勵我保持東西的整潔並每天至少清理一點的時候，他們確實抓到重點了，他們知道，處理小型髒亂總是比面對龐大的混亂還要容易許多。

我們很多人在保持源碼庫的有序性時，都會陷入同樣的模式。以一個檔案結構較為扁平的源碼庫為例。大部分的程式碼被組織為二十幾個檔案，只有單一個目錄用於測試。此應用程式以穩定的速度增長，每個月都會增加一些新的檔案。由於維持現狀比較容易，工程師們並沒有主動開始將相關檔案整理成目錄，而是學著在越來越龐雜的程式碼中找出方向。被帶到日益嚴重的混亂中的新工程師提出了警告，請求團隊開始拆分程式碼，但這些擔憂都沒有被聽進去；管理階層鼓勵他們把注意力放在迫在眉睫的最後期限上，而資深工程師們則表示沒什麼大不了的，安慰他們說會很快想出如何在混亂中提高工作效率。最終，源碼庫達到了一個臨界質量，在此臨界點上，長期的缺乏組織大大降低了整個工程團隊的生產力。只有在這個時候，團隊才會花時間起草一個梳理源碼庫的計畫，此時需要考慮的變數數量遠遠大於他們在幾個月（甚至幾年）前就開始協力解決這個問題所必須面對的。

移動得太快

如果不加以控制，快速的反覆修訂和產品開發會迅速降低軟體品質。當我們在緊迫的期限內構建新的產品功能時，我們往往會偷吃步抄捷徑：我們會省略一些測試案例、給變數取一個概略的名稱，或者在本應寫出一個新函式的地方添加幾個 if 述句。如果我們沒有適當地記錄下我們所走的捷徑，並在趕上目標期限後立即分配必要的時間來糾正它們，它們就會堆積起來。很快，你就會看到冗長的函式、到處都是分支邏輯，以及覆蓋率零散分佈在整個源碼庫的單元測試，或甚至完全沒有。經手更複雜的應用程式時，多個團隊同時對不同的功能進行反覆修訂，移動速度過快的影響就會開始彼此加成。除非每個團隊都能有效地與其他每一個團隊溝通產品的變化，否則雜亂無章的東西就會堆積如山。你可以在圖 2-1 看到這種複合效應的一個例子。

像我們這樣開發現代應用程式的人中，有許多都在實踐持續的整合與交付，我們盡可能頻繁地將我們的變更合併回主分支，在那裡，透過針對應用程式新建置版所運行的自動化測試，它們會被驗證。我們藉由功能旗標（或稱為「功能切換器」）來對這些變化進行控制，以確保客戶不會接觸到只完成一半的功能和不完整的臭蟲補丁。雖然在積極的開發過程中，這些給了我們很大的彈性，但是當我們成功地將變更引入到所有用戶，它們就很容易被遺忘。

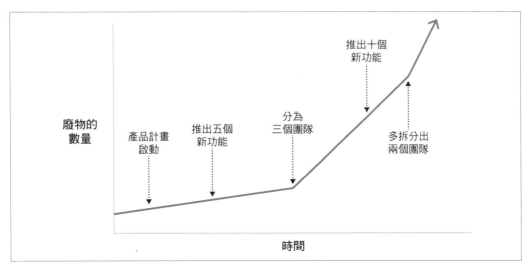

圖 2-1　廢物隨時間累積的圖表

我工作過的每家公司都留有幾十個（如果不是幾百個）功能旗標在所有產品中啟用後很久依然在程式中被參考到。雖然把那些檢查中的幾個留著似乎是無害的，但也有一些明顯的風險。

首先，它會為閱讀程式碼的開發人員帶來額外的認知負擔，如果開發人員沒有花時間去驗證功能的狀態，他們可能會被誤導，以為該功能仍在積極開發中，而只在沒有檢查控制的程式碼路徑中做出重要變更。其次，如果花了時間去確定功能是否有在產品中啟用，卻發現它已經上線好幾週給每個人使用了，這可能會讓人很沮喪。在極端的情況下，若存在有幾百個基本上失效的功能旗標，這會對應用的效能產生非常嚴重的影響。對於一個給定的請求或程式碼路徑，驗證每個功能相關的條件式所花費的時間，累積下來可能會非常可觀。藉由清理掉那些廢止的旗標，我們可能都會看到一些效能提升。

應用我們的知識

程式碼退化是必然會發生的，無論我們如何努力避免，我們的應用程式都需要適應需求的轉變。我們可以盡量減少壓力緊迫下的開發，但有時還是需要抄捷徑來快速出貨，才能為我們的業務帶來競爭優勢。如果說程式碼退化是必然的，那麼大規模的重構同樣是不可避免的。我們總是需要解決源碼庫中棘手的系統性問題。如果我們認為已經到了那

樣的地步，發現衰退實在是太嚴重了，使我們的工程團隊無法盡善盡美地進行開發，那麼我們就得做好準備，弄清楚到底是如何走到這一步的，以及原因何在。

當我們學會跳出程式碼的迫切問題，轉而尋求理解程式碼最初的編寫環境時，我們就會開始發現程式碼並非本來就不好。我們建立了同理心，並利用這個新發現的視角來識別出程式碼真正的基礎問題，並制定出計畫，盡可能以最佳的方式來改善它。試著把這個過程看成是程式碼考古學（code archaeology）的大型練習！

既然我們已經知道了程式碼是如何退化的，我們就必須學會如何正確地量化它，以便讓其他人理解。我們必須利用我們對於衰退情況已經來到了一個臨界點的直覺，還有如何以及為什麼會走到這種地步的知識，找出最好的辦法，把問題提煉成一套指標（metrics），讓我們可以用它們來說服別人這實際上是一個嚴重的問題。下一章將討論一些你可以用來衡量源碼庫中問題的技巧，並為你的重構工作建立一個堅實的基準線。

規劃

測量我們的起始狀態

每年春天，我都會花時間清理我的衣櫥，重新評估我擁有的所有衣物。有些人選擇近藤麻理惠（Marie Kondo）式的方法清理衣櫥，看看每件物品是否會「激發出快樂的感覺」，而我則採取更有條理的方法。每年，當我開始這個程序時，我知道到最後，會有很多物品被歸類在要被捐獻出去的那堆。我不知道這些物品會是哪些，因為這完全取決於我所有的衣服當初是如何搭配在一起的。

在我開始收拾一些袋子要送去 Goodwill 之前，我會全面地觀察整體。我把所有東西都按衣服類型整理：毛衣放在一堆，連身裙放在另一堆，依此類推，過程中一邊評估每件衣服的實用性。這件衣服適合哪個季節穿？它的舒適度如何？在過去的一年裡，我穿了它幾次？接下來，我大概估算一下這件衣服可以搭配多少套衣服。只有當我很清楚我所擁有的一切，並瞭解每件衣服在我的衣櫥裡所扮演的角色，我才會開始找出我可以放心捐贈的衣服。

同樣的邏輯也適用於大型重構工作：只有當我們對想要改進的部分有了一個可靠的描述，我們才能開始確定改善它的最佳方法。遺憾的是，今日要找到有意義的方法來測量我們程式碼中的痛點，比對衣櫃裡的衣服品項進行分類要困難得多。本章將討論一些技術，讓在我們開始重構之前，對我們程式碼的狀態進行量化（quantifying）和定性化（qualifying）。我們將涵蓋幾個著名的技巧，以及一些較新的、更有創意的方法。在本章結束時，我希望你會找到一種（或多種）方式來衡量你想要改進的程式碼，以突顯你想要解決的問題。

為何衡量重構的衝擊是很困難的事？

有許多方法可以量測源碼庫的健康狀況。但是，這些指標中有很多可能不會只是因為與專案試圖解決的痛點彼此獨立，就會在大規模重構之後自動朝著正面方向發展。因此，在衡量源碼庫的初始狀態時，我們要選擇一個我們認為能夠很好地總結問題**而且**準確地突顯我們重構衝擊的指標。

要衡量任何重構工作的衝擊，都不是那麼容易的事情，主要是因為，若有成功執行，重構對用戶來說應該是看不到的，不會導致任何行為上的改變。這不是我們希望能推動用戶採用的新功能或是系統微調。我們通常會投入大量的精力來監控應用程式的關鍵部分，以確保我們用戶在使用我們的產品時有獲得可靠的體驗，但由於這些指標捕捉了我們的用戶可能會注意到的行為，所以若有正確重構，大多數指標並不會受到影響。為了以最佳的方式描述重構的影響，我們需要找出能夠精確衡量我們想要改善的程式碼各個面向的指標，並在前進之前建立一個穩固的基準線。

關於為了增進效能而做的重構

假設我們正在操作一個負責追蹤客戶訂單的小型應用程式。為了確保我們的系統運行順暢，我們監測給定其 ID 後，服務檢索一筆訂單之狀態所需的時間。幾個月後，我們開始注意到回應時間變慢了，於是決定投入一些時間來重構底層程式碼。在這種情況下，我們已經有了我們的起始指標：最初的平均回應時間。我們可以在改寫過的程式碼部署之後，比較最初的平均回應時間和重構後新的平均回應時間，以衡量我們的重構是否成功。這樣就好了！

量化以增進效能為動機的重構之影響往往是最容易的。我們一般會有一套立即可用的起始指標。同樣值得注意的是，效能驅動的重構工作，與為了提高開發者生產力而進行的重構努力不同，是唯一一種能帶來使用者看得到的明顯改進的重構。

大型的重構工作特別難以衡量，因為它們很少在短短幾週內完成。更多時候，從開始到結束所涉及的工作時間遠遠超出典型的功能開發週期，除非重構工作進行的同時，產品開發完全暫停，否則可能很難將其影響從應用程式同一部分的其他開發人員的工作中分離出來。依靠少數幾個不同的指標可以幫助你更全面地掌握你的進展情況，並更能將你的變更與其他跟你一起反覆發展產品的開發人員所引入的變化區分開來。

測量程式碼的複雜度

我們中的許多人重構的動機都是想藉此提高開發人員的工作效率，使我們更容易繼續維護我們的應用程式，並建置新的功能。在實務上，這往往意味著簡化程式碼複雜、迂迴的部分。鑑於我們的目標是圍繞著如何減低程式碼的複雜度，我們需要找到一種有意義的方法來衡量它。量化程式碼的複雜度為我們提供了一個起點，我們可以從這個起點開始評估我們的進展。

軟體複雜度的測量有兩種主要的方式可以輕易進行。首先，如果我們的程式碼存在於版本歷史中，我們很容易就能穿越時間，在任何的時間間隔套用我們的複雜度計算。第二，在許多程式語言中，都有大量的開源程式庫和工具可以取用。要為你的整個應用程式產生一份報告，可能簡單到只要安裝一個套件，然後執行一道命令那樣。

這裡，我們會討論計算程式碼複雜度的三種常見方法。

Halstead 指標

Maurice Halstead 在 1975 年首次提出衡量軟體複雜度的方式：計數電腦程式中運算子（operators）和運算元（operands）的數目。他認為，因為程式主要由這兩種單元組成，因此計數它們的不重複實例（unique instances）可能會帶給我們衡量程式大小的方法，從而指出程式的複雜度。

運算子這種構造，其行為與函式類似，但在語法或語義上有別於典型的函式。這包括像 - 和 + 這樣的算術符號；像 && 這樣的邏輯運算子；像 > 這樣的比較運算子，以及像 = 這樣的指定運算子（assignment operators）。這裡以將兩個數字相加的一個簡單函式為例，如範例 3-1 所示。

範例 3-1　把兩個數字加在一起的一個簡短函式

```
function add(x, y) {
  return x+y;
}
```

它含有單一個運算子，即加法運算子 +。另一方面，運算元則是使用我們的運算子集合時，我們的運算作用於其上的任何實體。在我們的加法範例中，運算元是 x 和 y。

給定了這些簡單的資料點後，Halstead 提出了一組指標用以計算一組特徵：

1. 一個程式的體積（volume），或者說是程式碼的讀者為了理解其意義，必須吸收的資訊量。

2. 一個程式的難度（difficulty），或是重建該軟體所需的心力總量，也常被稱為 Halstead 努力指標（effort metric）。

3. 你可能會在系統中找到的臭蟲數量（number of bugs）。

為了更清楚說明 Halstead 的想法，我們可以把計數運算子和運算元的技巧套用到一個稍微複雜些的函式上，此函式計算一個整數的質因數（prime factors），如範例 3-2 所示。我們在表 3-1 中列舉了每一個獨特的運算子和運算元，以及它們在程式中出現的次數。

範例 *3-2*　一個簡短函式中的運算子與運算元

```javascript
function primeFactors(number) {
  function isPrime(number) {
    for (let i = 2; i <= Math.sqrt(number); i++) {
      if (number % i === 0) return false;
    }
    return true;
  }

  const result = [];
  for (let i = 2; i <= number; i++) {
    while (isPrime(i) && number % i === 0) {
      if (!result.includes(i)) result.push(i);
      number /= i;
    }
  }
  return result;
}
```

表 3-1　不重複的運算子與運算元以及它們的次數

運算子	出現次數	運算元	出現次數
function	2	0	2
for	2	2	2
let	2	primeFactors	1
=	3	number	7

運算子	出現次數	運算元	出現次數
<=	2	isPrime	2
()	4	i	12
.	3	Math	1
++（後綴的）	2	sqrt	1
if	2	FALSE	1
===	2	TRUE	1
%	2	result	4
return	3	<匿名的>	1
const	1	includes	1
[]	1	push	1
while	1		
&&	1		
!（前綴的）	1		
/=	1		

獨特的運算子數目：18　　運算子總數：35　　獨特的運算元數目：14　　運算元總數：37

鑒於我們的質因數分解程式有 18 個不重複的運算子（n_1）、14 個不重複的運算元（n_2），而運算元總數為 37 個（N_2），我們就能使用 Halstead 的難度測量法來計算閱讀程式的相對難度，使用這個基本方程式：

$$D = \frac{n_1}{2} \cdot \frac{N_2}{n_2}$$

把我們的值代換進去，我們得到整體的困難度分數為 23.78。

$$D = \frac{18}{2} \cdot \frac{37}{14}$$

$$D = 23.78$$

雖然 23.78 本身所傳達的資訊並不多，但我們可以透過對程式碼中的各個部分進行處理，逐漸瞭解這個分數如何對映到我們的經驗。隨著時間的推移，藉由反覆接觸這些值以及它們的實作，我們就能更好地解釋 23.78 分在我們應用程式這個較大的脈絡之下意味著什麼。

本節中描述的三種不同指標能以不同的規模生成，它們可以量化一個函式，或一個完整模組的複雜度。舉例來說，你可以計算一整個檔案的 Halstead 難度指標，只要把該檔案中各個函式的難度值相加就行了。

循環複雜度

由 Thomas McCabe 在 1976 年所發展，循環複雜度（cyclomatic complexity）是對程式原始碼中線性獨立路徑數量的量化方式。它本質上是對程式中流程控制述句（control flow statements）的數量統計。這包括 if 述句、while 和 for 迴圈，以及 switch 區塊中的 case 述句。

以一個沒有流程控制組件的簡單程式為例，如範例 3-3 所示。為了計算它的循環複雜度，我們先指定 1 給函式宣告，然後每遇到一個決策點就遞增。範例 3-3 的循環複雜度為 1，因為只有一條路徑通過函式。

範例 3-3　簡單的溫度轉換函式

```
function convertToFahrenheit(celsius) {
  return celsius * (9/5) + 32;
}
```

讓我們看一個更為複雜的例子，就像我們範例 3-2 的 primeFactors 函式。在範例 3-4 中，我們化簡它，並列舉出每一個流程控制點，得出循環複雜度為 6。

範例 3-4　一個簡短函式中的運算子與運算元

```
function primeFactors(number) { ❶
  function isPrime(number) {
    for (let i = 2; i <= Math.sqrt(number); i++) { ❷
      if (number % i === 0) return false; ❸
    }
    return true;
  }
```

```
  const result = [];
  for (let i = 2; i <= number; i++) { ❹
    while (isPrime(i) && number % i === 0) { ❺
      if (!result.includes(i)) result.push(i); ❻
      number /= i;
    }
  }
  return result;
}
```

❶ 函式宣告是第一個流程控制點

❷ 第一個 for 迴圈是我們的第二個點。

❸ 第一個 if 述句是我們的第三個點。

❹ 第二個 for 迴圈是第四個點。

❺ while 是第五個點。

❻ 第二個 if 是第六個點。

我們在閱讀一段程式碼時,每次有分支(if 述句、for 迴圈等)出現,我們就要開始推理多條執行路徑的多種狀態。我們必須能在腦子裡容納更多的資訊,才能理解程式碼所做的事。因此,在循環複雜度為 6 的情況下,我們可以推斷,primeFactors 可能並不難讀懂。

計算程式中決策點的數量是 McCabe 提出的程式複雜度計算方法簡化過的版本。在數學上,我們可以生成一個代表其控制流程的有向圖(directed graph)來計算一個結構化程式的循環複雜度:每個節點(node)代表一個基本區塊(即沒有分支的直線程式碼序列),若有途徑從一個區塊傳遞到另一個區塊,就用一條邊(edge)將它們連接起來。給定這個圖,其複雜度 **M** 被定義為下列方程式,其中 **E** 是邊的數量、**N** 是節點的數量,**P** 是連通組件(connected component)的數量,而所謂的連通組件是指節點之間都有路徑可互通的一個子圖(subgraph)。

$$M = E - N + 2P$$

圖 3-1 展示 primeFactors 的一個控制流程範例。

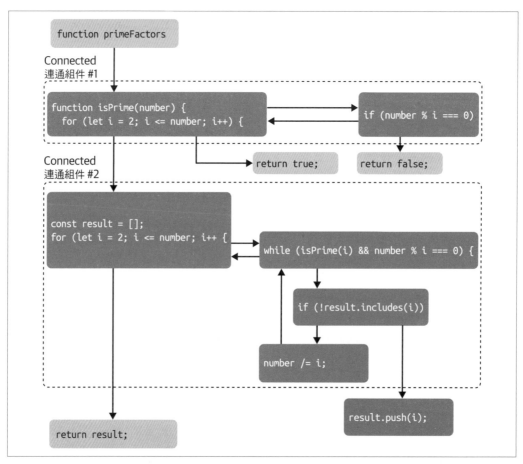

圖 3-1　primeFactors 控制流程圖,深灰色節點代表非終端狀態,而淺灰色節點代表終端狀態。在此範例中,我們有 13 個邊、11 個節點,以及 2 個連通組件。

流程控制圖的更多應用

流程控制圖(CFG)除了幫助我們計算複雜度計算外,還有其他的作用。實務上,試圖理解特別複雜的控制流程時,我經常會花時間手動製作一個 CFG 來突顯決策點。雖然有很多工具可以為我自動生成 CFG,但手動製作迫使我得讀過程式碼,幫助我更好地鞏固流程。

這些資料結構也能被用來有效識別出無法抵達的程式碼。假設我們從給定的一組函式產生出了一個流程控制圖。如果在那個 CFG 中有一個子圖是從任何進入點都無法連通的，我們就能安全地假設它是無法抵達的，可被移除。另一方面，如果一個退出區塊（exit block）無法從進入點抵達，這可能代表有無窮迴圈（infinite loop）出現。

NPath 複雜度

NPath 複雜度是由 Brian Nejmeh 在 1988 年提出的，作為當時既有的複雜度指標的替代方式。他認為，關注非循環執行路徑（acyclic execution paths）並不能充分描述有限路徑子集（finite subsets of paths）與所有可能的執行路徑之集合（set of all *possible* execution paths）之間的關係。我們可以從循環複雜度不考慮巢狀控制流結構（nesting of control flow structures）這一事實中觀察到這種侷限性。一個有三個連續 for 迴圈的函式與一個有三個內嵌（nested）的 for 迴圈的函式會產生相同的度量值。內嵌成為巢狀會影響函式的心理複雜度（psychological complexity），而心理複雜度會對我們維持軟體品質的能力產生很大衝擊。

McCabe 的指標可能很容易計算，但它並沒有區分不同種類的流程控制結構，把 if 述句視為與 while 或 for 迴圈完全相同。Nejmeh 斷言，並非所有流程控制結構都是相等的，有些比其他一些更難理解且正確使用。舉例來說，對於開發人員來說，while 迴圈可能比 switch 述句更難推理。NPath 複雜度試圖解決這個疑慮。遺憾的是，這使得它的計算更加困難，即使是小型程式也一樣，因為其計算是遞迴（recursive）的，可能迅速膨脹。我們將透過幾個帶有 if 述句的例子進行計算，以熟悉它的運作方式。如果你想更深入瞭解給定了範圍廣泛的流程控制述句（包括內嵌的控制流程），如何計算 NPath 複雜度，我強烈推薦閱讀 Nejmeh 的論文。

流程控制指標可以幫助你判斷程式碼所需的測試案例（test cases）數量。循環複雜度提供了一個下限（lower bound），NPath 複雜度提供了一個上限（upper bound）。舉例來說，就 primeFactors 而言，循環複雜度指出我們至少需要六個測試案例來觸及每個決策點。

我們 NPath 複雜度的基本情況（base case）與我們之前在範例 3-3 中的溫度轉換函式相同，對於一個沒有決策點的簡單程式，NPath 複雜度為 1。為了闡明這個指標的乘法部分，我們將會看一下簡單的一個函式，其中有幾個內嵌的 if 條件。

範例 3-5 顯示了一個簡短的函式，它會回傳給定速度下收到超速罰單的可能性。讀過此函式，我們到達第一個 if 述句，這時給定的速度可能小於或大於每小時 45 公里（45 km/h）。那麼就有兩條可能的路徑：如果速度大於時速 45 公里，我們就進入 if 區塊內的程式碼；如果沒有，我們就單純繼續下去。接下來，我們需要驗證速度是否超出所提供的限速 10 km/h，這時我們又有兩條可能的路徑通過程式碼。最終，我們回傳計算出來的風險係數。

範例 3-5　一個簡短的函式，有兩個連續的 if 述句，不同的部分以 A、B、C、D、E 與 F 標示

```
function likelihoodOfSpeedingTicket(currentSpeed, limit){
  risk = 0;  // A

  if (currentSpeed < 45) {
    risk = 1; // B
  } // C

  if (currentSpeed > (limit + 10)) {
    risk = 2; // D
  } // E

  return risk; // F
}
```

NPath 複雜度計算的是通過一個函式的不同路徑之數量。我們能以一個範圍的值來呼叫 likelihoodOfSpeedingTicket，觸動每一組條件來列舉出這些路徑。我們將一起追蹤一個輸入，突顯出我們巡訪過（traverse through）該函式所經的路徑。其他所有獨特的路徑都標示在表 3-2 中。

表 3-2　通過 likelihoodOfSpeedingTicket 的所有獨特路徑

輸入	路徑
30, 10	A, B, D, F
30, 50	A, B, E, F
90, 50	A, C, D, F
90, 110	A, C, E, F
不重複的路徑數：4	

假設我們以 30 的 currentSpeed 和 0 的 limit 來呼叫 likelihoodOfSpeedingTicket。我們的第一道 if 述句將估算為 true，從而導向至 B。第二道 if 述句也將估算為 true，引領我們至 D。然後我們在 F 抵達我們的回傳述句。為各種輸入重複此模式，我們就能判斷出有四條獨立路徑通過該函式。因此我們的 NPath 得分為 4。

NPath 複雜度的缺點

NPath 複雜度總是會高估一段程式碼的執行路徑數。舉例來說，假設我們在最後新增一個檢查，看看 currentSpeed 是否有超過 135 km/h，那麼我們的 likelihoodOfSpeedingTicket 函式的 NPath 複雜度會是多少？我們將有三個 if 述句，每個都有兩種可能的結果，總共有 2 x 2 x 2 或者 8 條路徑通過該函式。然而，速度不可能同時低於 45 km/h 並且超過 135 km/h，所以這些路徑中有一條在執行時期根本不可能出現。要記住的重點是，雖然 NPath 複雜度就描述一段程式碼的推理難度而言很有價值，但它只是對於上限的估計值。

NPath 複雜度或許能更好地體現不同類型的流程控制述句的行為，並有效捕捉內嵌的決策點所涉及的心理負荷，但當它在大型傳統源碼庫上運行時，所產生的值可能**非常巨大**（數以十萬計）。這主要是出於該指標的指數（exponential）本質。不幸的是，這意味著該值本身可能會很快失去顯著性，難以辨別微小的改進。我建議你使用 NPath 複雜度來衡量你正在尋求改進的程式碼劃定界限的部分，或許能以各個部分的平均值作為起點。

一些簡單形式的重構不會對你的 CFG 指標產生任何影響。某些複雜性是無法避免的，完全出於複雜的業務邏輯。你必須進行那每一次的檢查和迭代運算，才能確保你的應用程式正在做它需要做的事情。當你想要重構的程式碼涉及簡化不必要的複雜邏輯時，NPath 或循環複雜度是很好的選擇。如果不是，那麼我建議使用不同的一組指標。但要注意的是，即使你正在拆解一些雜亂交纏的程式碼，NPath 或循環複雜度也不應該是你唯一的度量指標；你將無法單以一個資料點來全面且正確地描述你重構工作的影響。

程式碼行數

遺憾的是，流程控制圖的指標可能很難計算（而且有時成本高昂），特別是對於非常大型的源碼庫（而這正是我們尋求改進的那種）。這就是程式大小（program size）發揮用處的地方。雖然它可能不如 Halstead、McCabe 或 Nejmeh 的演算法那麼科學，但若與其他測量方法結合，程式大小可以幫助我們定位出應用程式中可能的痛點。如果我們正在尋找一種實用、低成本的方法來量化程式碼的複雜度，那麼基於大小的指標就是最好的途徑。

測量程式碼長度時，我們有幾種選擇。大多數開發人員選擇只測量**邏輯**程式碼行，完全忽略空白行和註解。就跟我們的流程控制指標一樣，我們可以在幾種解析度之下收集這些資訊。我發現以下幾個資料點是相當有用的參考點：

每個檔案的 LOC（lines of code，程式碼行數）

每個源碼庫都有那種從頭開始捲動後，看起來就可能走不到盡頭的檔案。測量這些檔案的程式碼行數，很可能得以準確捕捉到開發人員在編輯器開啟這些檔案時，理解其內容和承擔責任所需的心理負荷。

函式長度

每一個看起來無止盡的檔案，都有一個看似無止盡的函式（更多時候，這種無窮無盡的函式都是在無窮無盡的檔案中找到的）。測量你應用程式中的函式或方法的長度，可以是近似地描述它們各自複雜度的一種實用做法。

每個檔案、模組或類別的平均函式長度

取決於你應用程式的組織方式，你可能想要追蹤記錄每個邏輯單元的函式（function）或方法（method）之平均長度。在物件導向（object-oriented）的源碼庫中，你可能想追蹤一個類別或套件中每個方法的平均長度。在命令式（imperative）的源碼庫中，你可能會測量一個檔案或更大的模組中，每個函式的平均長度。不管是哪種大型的組織單元，瞭解其中所包含的較小的邏輯元件的平均長度，都可以讓你掌握這種單元作為一個整體的相對複雜度。

計數註解行數的注意事項

大體上，在計算程式碼行數時，忽略註解（comments）是良好的實務做法。說明文件區塊（Docblock）和置於行內的待辦事項（TODO）並不會影響到我們程式的行為，因此將它們包含在我們的大小計算中無法幫助我們更精確描述一個程式的複雜度。然而，在實務中，我注意到，藉由計算函式層級的行內註解數量，你可以輕易找出一些相當令人費解的程式碼部分。一般來說，當周圍的邏輯難以理解時，開發人員往往會留下行內的程式碼註解。不管那是因為程式碼處理的業務邏輯複雜，還是它隨著時間的推移逐漸變得複雜，我們在修改特別棘手的程式碼時，往往會為後來者留下一些指標。因此，我們可以把單個函式（無論是長是短）中的行內註解數量，當成一種可能的警示信號。

取決於一個程式所用的語言或程式設計風格，LOC 可能會有很大的差異，但如果我們要比較的是同一類的東西，我們就不必太擔心。大規模重構時，我們關注的焦點通常是在**單一的**、**龐大的**源碼庫中改善程式碼。根據我的經驗，在這種源碼庫中工作的絕大多數開發人員都曾投資心力去建立風格指南、定義一套最佳實務做法，並經常使用自動格式化程式來強制施加這些規則。在不同團隊和元件之間，一些差異是不可避免的，但大體上，作為一個整體的應用程式看起來往往足夠相似，使得來自源碼庫不同部分的兩組 LOC 指標應該仍然是可以相比的。

測試的涵蓋範圍

開發新功能的時候，有一些測試理念可以採用。我們可以選擇測試驅動的開發（test-driven development，TDD）方法，先編寫一套完整的測試，然後在一個實作上進行反覆修訂，直到所有測試都通過為止。我們也可以先編寫我們的解決方案，然後再編寫相應的測試。又或者我們可以決定在這兩者之間交替進行，逐步建構一個實作，每次迭代時暫停一下，編寫一些測試。無論我們採用什麼方法，所期望的結果都一樣：由一套高品質的測試完整撐持的一項新功能。

重構則是一頭不一樣的野獸。當我們努力改進現有的一個實作，無論我們的努力程度如何，我們都要確保有正確保留了它的行為。我們可以仰賴原實作的測試套件，安全地斷言我們的新解決方案持續進行與舊方案完全相同的工作。因為我們依靠測試涵蓋率（test coverage）來警告我們潛在衰退，所以在開始重構工作之前，我們需要驗證兩件事：第一，確認原始實作是否有測試涵蓋率；第二，判斷那個測試涵蓋率是否足夠。

假設我們想重構範例 3-2 中的 primeFactors 函式。在考慮做任何修改之前，我們需要衡量它是否有測試涵蓋率，如果有，則需要衡量測試涵蓋率是否充足。要驗證該實作是否有測試涵蓋率很容易。我們只需開啟相應的測試檔，看一下它所包含的內容即可。就我們的例子而言，我們只找到一個測試，如範例 3-6 所示。

範例 3-6 *primeFactors 的一個簡單的測試*

```
describe('base cases', () => {
  test('0', () => {
    expect(primeFactors(0)).toStrictEqual([]);
  });
});
```

然而，要確定其測試涵蓋率是否足夠，就是一項比較棘手的任務。我們可以用兩種方式來評估它：定量（quantitatively）和定性（qualitatively）。定量上，我們可以計算出一個百分比，代表測試套件運行時，被執行的程式碼比例。我們可以收集我們簡單的單元測試所測試的程式碼功能行數和執行路徑數這兩個指標，得出的結果分別是 40% 和 35.71%。範例 3-7 顯示了用 Jest 單元測試框架所產生的測試輸出。

範例 3-7 *primeFactors 的 Jest 測試涵蓋率輸出，給定我們的單一個測試案例*

```
----------------|---------|----------|---------|---------|-------------------
File            | % Stmts | % Branch | % Funcs | % Lines | Uncovered Line #s
----------------|---------|----------|---------|---------|-------------------
All files       |  35.71  |        0 |      50 |      40 |
 primeFactors.js|  35.71  |        0 |      50 |      40 | 3-6,11-13
----------------|---------|----------|---------|---------|-------------------
Test Suites: 1 passed, 1 total
Tests:       1 passed, 1 total
```

現在，我們必須判斷這是否是足夠的測試涵蓋率。這兩個指標都沒有讓我對 primeFactors 有經過良好的測試這件事特別充滿信心，畢竟，這表明超過四分之三的功能沒有被我們當前的套件觸及。測試涵蓋率主要在兩個方面有用處：

• 協助我們識別出程式中未經測試的路徑

• 作為衡量我們是否有足夠的測試的一個概略標準

如果你正在尋找測試舊有軟體的策略，我推薦你買一本 Michael Feathers 所著的《*Working Effectively with Legacy Code*》。他討論了利用程式碼中的**接縫**（*seams*）來追溯性地引入單元測試的大量選項，這些接縫是你可以在不修改程式碼本身的情況下改變程式行為的戰略位置。

為了提高我們例子的測試涵蓋率，我們可以新增一個測試案例，如範例 3-8 所示。若重新計算我們的涵蓋率（參閱範例 3-9），我們注意到，只是增加一個測試案例，我們就能達到接近完美的涵蓋率。這是否意味著我們的測試涵蓋率已經足夠了呢？定量上來看可能足夠，但定性上可能不夠。回頭看看我們的 primeFactors 實作，我們可以輕易找出一些缺少的測試案例，例如提供一個負數，或數字 2。

範例 3-8　primeFactors 的一個簡單測試

```
describe('base cases', () => {
  test('0', () => {
    expect(primeFactors(0)).toStrictEqual([]);
  });
});

describe('small non-prime numbers', () => {
  test('20', () => {
    expect(primeFactors(0)).toStrictEqual([2, 5]);
  });
});
```

範例 3-9　primeFactors 的 Jest 測試涵蓋率輸出，給定我們的兩個測試案例

```
----------------|---------|----------|---------|---------|-------------------
File            | % Stmts | % Branch | % Funcs | % Lines | Uncovered Line #s
----------------|---------|----------|---------|---------|-------------------
All files       |     100 |    83.33 |     100 |     100 |
 primeFactors.js |     100 |    83.33 |     100 |     100 | 12
----------------|---------|----------|---------|---------|-------------------
Test Suites: 1 passed, 1 total
Tests:       2 passed, 2 total
```

根據我的經驗，經過深思熟慮後編寫的程式碼，其測試涵蓋率一般在 80% 至 90% 之間。這顯示大部分的程式碼都有經過測試。但是，要注意的是，測試涵蓋率本身並不能說明某項測試的好壞。為了達到完美或接近完美的測試涵蓋率，很容易會寫出低品質的單元測試。如果管理階層獎賞的是高測試涵蓋率，你經常會發現，你單元測試中有相當一部分並沒有努力去斷言（assert）相應程式碼的重要行為。

從品質的角度來看，判斷測試涵蓋率是否充足並不是那麼簡單。關於這一點，已經有大量分析周密的論述存在，其中大部分都超出本書的範圍，但在一個較高的層面上，如果以下幾點成立，我認為就已經達到了合適的測試品質：

- 這些測試是**可靠**（*reliable*）的。從一次運行到下次運行，它們在不變的程式碼之上執行時都會產生一致的合格結果，並能在開發過程中抓到臭蟲。

- 這些測試是**有彈性**（*resilient*）的。它們不會與實作太過緊密結合，到了壓抑變化的程度。

- 一系列能使程式碼動起來的測試**類型**（*types*）。擁有單元（unit）測試、整合（integration）測試，以及端到端（end-to-end）測試能幫助我們以不同的逼真程度斷言我們程式碼有按照預期的方式運行。

如果我們已經斷言測試涵蓋率和測試品質足夠充分，那麼我們應該有信心繼續推進重構工作。如果測試在涵蓋率或品質上有所欠缺，我們就得在前期花費必要的時間來編寫更多、更好的測試。衡量我們打算重構的每一部分程式碼的測試數量和品質，是幫助我們判斷在開始重構之前需要投入多少額外工夫的重要步驟。

型別涵蓋率（Type Coverage）

我們在第 2 章簡要討論了動態定型（dynamically typed）程式語言的一些優缺點。在大型動態定型源碼庫中工作的開發人員可以考慮採用逐步定型（gradually typed）的語言來實現靜態型別（static types）的引入。靜態型別能透過對不匹配的型別發出警告，從而在開發過程中更早發現錯誤。藉由自動追蹤我們原本必須記住的資訊，它們能減輕程式設計的心理負擔。JavaScript 的 TypeScript、Python 的 Cython 或 mypy、Hacklang 和 PHP（截至 v7.0）都是漸進定型程式語言的例子。

如果你正在為你的源碼庫添加型別的過程中，你可能會希望透過追蹤記錄型別涵蓋率來衡量你的進展。我們將型別涵蓋率計算為擁有型別資訊的程式碼之百分比（這是刻意不明確的，因為這取決於靜態定型在每個不同語言中是如何實作的。這個指標甚至可能隨著語言版本而有所不同）。與測試涵蓋率類似，低的型別涵蓋率分數可用來有效定位出那些得以從更多關注中獲益的程式碼。100% 的型別涵蓋率或許是不可能的，但根據我在漸進定型源碼庫中工作的經驗，我對定型程度最高的程式碼最有信心。如果你能夠在整個應用程式中達到 95% 以上的分數，你就處於良好的狀態。

說明文件

我們開始重構某個東西之前，我們應該盤點一下它現有的任何相關說明文件。閱讀過這種說明文件可以幫助我們獲得關於程式碼的寶貴的額外情境脈絡。雖然說明文件不是可以用來衡量我們起始狀態的數值指標之重要來源，但它是可以用來描述我們試圖改善的當前問題的關鍵證據來源。我們將討論試著理解和量化預期的大型重構工作中的起點時，我們應該關注的兩種形式的說明文件。它們是正式（formal）和非正式（informal）形式的說明文件。

正式說明文件

正式說明文件是你最有可能將之視為說明文件的任何東西。這不一定得遵循任何官方的、業界等級的標準（例如 Unified Modeling Language [UML]）。使它成為正式說明文件的原因在於，它是特意撰寫的（而且在許多情況下，是積極被維護的），以便讓讀者瞭解你的系統。技術規格、架構圖、風格指南、新手讀物和事後總結報告是正式說明文件的幾個例子。

我們可以藉由參考設計決策、假設或曾被考慮或拒絕過的設計，將技術規格（technical specs）之類的東西當作我們重構是必要或有用的證據。舉例來說，假設你正在開發你們應用程式的某個部分，它負責處理產品內所有與使用者相關的動作。目前的實作要求正在編寫新功能的開發人員要記住並列舉出用戶修改設定檔時，必須發出並傳播到各相關子系統的每一種事件。如果你的團隊有為每個功能編寫技術設計規格的歷史，你就能找到事件傳播的原始規格文件。此說明文件描述目前的實作、其侷限性，以及任何的替代途徑。

關於限制的段落指出，雖然在各個地點單獨觸發每個必要的事件，或許是很方便的事情，但如果團隊引入大量新事件，這就可能會變得笨拙和繁瑣。今天，你的系統就遇到了完全相同的問題。它得處理十數種以上的事件類型，而你的團隊在追蹤記錄這團雜亂無章的事件類型上，已顯得計窮途拙。隨著每一項新功能的出現，你的團隊都會害怕忘記觸發某個關鍵的事件類型，並因此引入一個惱人的臭蟲。你已經盡最大努力藉由測試來斷言所需的行為，但發現重構這些事件的處理方式才是馴服混亂的重複邏輯的最佳解法。

技術規格在支持你「到底需要改進什麼以及如何改進」的假設上非常有幫助。偶爾，這些說明文件會概述一些考慮過但最終沒有選用的替代方法。你也許可以在你的重構工作中探索這些建議之一。

風格指南（*style guides*）和新手讀物（*onboarding materials*）的維護者有時會在他們製作的文件中留下經驗的軌跡。如果他們最近對某件事情的運作方式有了意想不到的發現，並根據這一經驗試圖改進文件，你也許能在他們的寫作中看到一絲痕跡。你可能會發現用大號的粗體字做出的警告，指出到底**不該**做什麼。在這種文件中，看到不成比例多的內容專門討論源碼庫中特別複雜的部分，也不是罕見的事。整個公司有更多的人將投入更多的時間試圖引導讀者走向正確的方向，遠離他們自己落入的陷阱。如果你想要重構的程式碼在這些源頭中被記錄下來，並遵循這些模式，這可能就是一個很好的證據，證明它可以得到可衡量的改良。思考你目標程式碼之說明文件的理想語調和內容，並以此為靈感。

事後總結報告（*postmortems*）可以作為很好的輔助證據。如果你的團隊遵循 PagerDuty 的事件回應流程（*https://oreil.ly/T966e*），並且已經這樣做一段時間了，那麼你很可能得以查看數十份事後報告，詳細說明你的應用程式沒有按照預期表現的每一個實例的內容、地點、時間、原因和方式。

在為值得重構的程式碼建立一個案例時，我會搜尋我認為有直接涉及該程式碼的事件之事後報告。然後我會閱讀兩個部分：「促成因素（Contributing Factors）」和「什麼沒有運作得很好？（What Didn't Go So Well?）」。當我懷疑程式碼的複雜性對解決時間有直接影響，或甚至可能是一開始導致事件發生的主因，這兩個部分很可能會證實這一點。統計一下把你想重構的區域列為問題的事件數量，會是一種很有價值的指標。

 留意第三方協力廠商或向大眾公開的說明文件也是很重要的。雖然重構並不是要修改你應用程式為消費者提供的行為，但這些說明文件對於進一步瞭解你打算改寫的程式碼會特別有幫助。

非正式說明文件

除了正式說明文件外，我們還製作了大量的非正式文件。這些是那種不被視為正規說明文件的書面文物，只因為它們通常不以文件的形式出現。在我的經驗中，我發現非正式來源中斑駁的註記痕跡和有趣的線索比任何正式文件中找到的都還多。

要找出這些來源就得跳出既定思維。我在這裡列舉出幾個，但你要睜大眼睛尋找你身邊的其他來源。你可能會給自己帶來驚喜！

聊天和電子郵件記錄（*chat* and *email transcripts*）可以提供關於你正在尋求重構的程式碼的深刻資訊。最重要的是，這些通常會提供大量的背景資訊，包括歷史和組織資訊。比如說，你想重構應用程式中非同步任務（asynchronous jobs）的結構。這個任務佇列系統（job queue system）目前接受動態的一組任意大小的引數（arguments），以最大限度地提高其消費者端的彈性。遺憾的是，以它的實際限制為中心，這導致了相當多的混亂，使這個系統在處理具有極大引數負載的作業時，面臨記憶體耗盡的風險，或者在無法解析格式有誤的輸入時，突然崩潰。

你想要確定你對系統模稜兩可之處的經驗不僅是你和你團隊之間的軼聞。為了衡量編寫新任務有多麻煩，你在公司的 Slack（或其他的訊息通訊解決方案）中以一組與任務佇列引數相關的關鍵字進行搜尋。不出所料，你看到許多訊息，其中有人對他們的任務沒有如預期運作感到驚訝或擔心。整個公司的開發人員都在詢問，他們應該提供原始的 ID（raw ID）或不透明的 ID（opaque ID）？為什麼要選擇其中一個而非另一個？我們是否有記錄這些任務引數？若有，我們是否要小心處理個人身份資訊？我們可以透過這些引數發送多少資料？我們是否可以序列化（serialize）整個物件，並將這些物件提供給任務佇列系統？

你建立了一份指向這些訊息的文件，並對圍繞每則訊息的情境脈絡進行簡短描述（這應該很容易做到，只需在對話中往回捲動一些就行了）。現在你就能引用這些實例來展示開發人員目前遭遇的困難。

聊天記錄賦予了你獨特的能力，讓你可以窺探到在你到來的很久之前發生的對話。你可能會驚訝地看到散佈在各個工程團隊的人在你第一天上工的幾個月或幾年前就在談論你急於解決的問題了。你可能會看到其他人以固定的頻率詢問同樣的問題。當這種情況發生，這不僅證明了你的努力不是白費，而且你還可能透過聯繫那些團隊的人，詢問他們對你想要改善的程式碼有什麼看法，從而獲得一些寶貴的盟友。定量上，你可以利用這些對話來估算因為你想要改進的程式碼而產生的困惑，以及為此必須回答的問題，造成了多少工時的損失。

取決於你工程團隊所選擇的專案管理工具，你也許可以在你們的**臭蟲追蹤系統**（*bug tracking system*）中搜索相關的臭蟲，以收集一些與你想要重構的程式碼相關的重要指標。你或許也能夠估算出其他團隊或個別開發人員在調查和修復臭蟲，或實作與你目標程式碼相關的變更上，花費了多少時間。

假設圍繞某個特定功能或功能集的程式碼隨著時間的推移而變得越來越複雜。你想投入精力整理它，以便你的團隊能以更快的速度進行開發。如果你懷疑你團隊的速度慢了下來，你可以使用你們的**專案管理軟體**（*project management software*）來確認。請注意，這是一種非常粗略的指標（和我們所有的其他指標一樣，只量化了整體問題的某個面向）。你可能得深入瞭解你的團隊是如何組織其開發週期的，並有信心地去除資料中的離群值，才能在此得出一個令人信服的指標，但對某些團隊來說，這可能是一個不容置疑的指標！

某些公司的技術專案經理可以成為幫助你收集、過濾和傳播這類指標的重要資源。他們通常都是專案管理工具和找出隱藏文件的高手。誰知道呢，你甚至可能會交到新的朋友！

此時，這一切可能聽起來像要量化一個給定的問題的過量調查工作。這沒關係！哪些指標對於溝通問題的嚴重性和將之解決的潛在益處有最大的影響，是由你來決定的。你可能不想或不需要花時間去挖掘數百份的任務或事後報告，但如果這些資訊易於消化和搜索，可能就值得了。當你試圖說服那些與程式碼距離遙遠的管理和領導團隊，讓他們相信重構是值得的時候，這些指標就會特別有用。

版本控制

我們認為版本控制主要是管理應用程式變化的工具。我們用它來逐步推進，允許同時開發多個功能，並逐步發佈這些功能。有時，我們使用它來參考以前版本的程式碼，以追蹤一個錯誤或找到可能知道我們正在閱讀的那部分程式碼的某個人。我們很少會想到，若從總體上分析，版本控制也能是關於我們團隊開發模式的資訊來源。事實證明，當我們從不同的角度來審視我們的提交（commits）時，我們可以收集到很多我們開發團隊所面臨問題的相關資訊。

提交訊息

雖然並不是每個人都把編寫描述性的提交訊息作為他們開發方法的一部分，但如果你在大多數開發人員都這樣做的團隊中工作，這些簡短的描述就能讓我們一窺他們可能遭遇的問題。我們可以藉由搜索一組關鍵字或分離出與我們感興趣的那組檔案之變更相關的**提交訊息**（*commit messages*）來識別模式。

譬如說，我們正在研究之前的任務佇列系統問題。我們知道工程師們經常忘記在把任務排入佇列之前「淨化」他們的引數，導致可識別個人身份的資訊（personally identifiable information，PII）也被記錄起來。我們可以藉由搜尋我們的提交訊息，找出相應訊息中包含「job」、「job handler」或「PII」等字眼的提交。從這個結果集合中，我們可能會發現很大的一組提交，這些提交要麼引入了一個會洩露 PII 的新任務，要麼修復了一個已在洩露 PII 的工作。又或者，如果我們的任務處理器（job handlers）很便利地被組織為不同的檔案，我們可以將搜索範圍縮小到只包括有對這些檔案進行修改的提交，並在此衍生子集中梳理出類似的模式。

某些開發團隊會在提交訊息或分支名稱（branch name）中強調顯示臭蟲或票據編號，藉此將他們的提交或變更集與專案管理工具聯繫起來。若我們能取用這些資訊，就可以將變更集連結到我們之前收集的，關於開發速度和臭蟲數量的指標上。這一切都串起來了！

彙總提交

在他的《*Software Design X-Rays*》書中，Adam Tornhill 提出了從版本歷史中提取重要開發模式的一套技術。他認為這些開發行為可以幫助你確認在重構時，應該優先考慮你應用程式的哪些部分、闡明某些功能的複雜性是如何隨著時間的推移而改變的，並突顯出任何緊密耦合的檔案或模組。我強烈建議大家閱讀他的研究，以充分理解這些測量結果為何如此具有啟發性的背後心理學，但我將在此總結基本的技巧，以便你在下一個大重構之前可以考慮它們。

變更頻率（*change frequencies*）是指在你應用程式的完整版本歷史中，對每個檔案做出的提交次數。你可以從提交歷史中取出檔案名稱，彙總它們，並將它們以最頻繁到最不頻繁的順序排列，來輕鬆生成這些資料點。實務上，Tornhill 注意到，這些頻率往往遵循一種指數乘冪分配（power distribution），即在一小部分核心檔案中有不成比例多的變更次數。瞭解提交次數最多的檔案，往往能告訴我們，從開發者的角度來看，到底哪些檔案必須是最容易理解和導覽的，因此，就開發人員生產力而言，我們也應該花最多的精力去維護那些檔案。

我們也可以將變更頻率的概念套用到檔案上。藉由查看個別提交，我們可以仔細地將變化歸因於個別檔案中的各個函式，從而得出每一個的總次數。把這些資料與我們之前的複雜度指標之一（即程式碼行數）結合起來，我們就能描繪出整個源碼庫隨時間推移的複雜度變化情況。這些資訊向我們展示了有待改進的潛在熱點。一旦我們完成重構，我們可以重新生成這些指標，以確認那些熱點的複雜度減低了，而且希望它們的變化頻率也降低了。

Tornhill 還介紹了一種方法，透過觀察同一次提交內修改的檔案集合，來精確定位你程式中緊密耦合的模組。為了描述這個想法，假設我們有三個檔案：*superheroes.js*、*supervillains.js* 與 *sidekicks.js*。在我們提交的一個子集中，我們有以下變更：Commit 1 修改了 *superheroes.js* 及 *sidekicks.js*；Commit 2 修改了所有的三個檔案；Commit 3 同樣修改了 *superheros.js* 及 *sidekicks.js*；而 Commit 4 只動過 *superheroes.js*。

從表 3-3 所示的版本歷史子集中，我們注意到在四個提交中，有三個都修改了 *superheroes.js* 和 *sidekicks.js*。這暗示了這兩個檔案之間存在著某種耦合（coupling）關係。當然並非所有的耦合都是不好的（例如原始碼和相應的單元測試檔案中的變更一樣），但在某些情況下，這些模式可能代表著某個錯誤的抽象層、複製貼上的程式碼，有時兩者都有。一旦我們精確定位出了這些問題，我們就可以努力修復它們，然後在以後的某個時間點重新進行分析，以確認它們不再存在。

表 3-3　各提交所修改的檔案

Commit #	superheroes.js	supervillains.js	sidekicks.js
1	x		x
2	x	x	x
3	x		x
4	x		

和本章的每個量化指標一樣，這種測量也有一些注意事項。不同的開發者在提交修改方面有不同的做法。有些程式師會進行大量的微小提交，而有些程式師則會進行大型提交，包括跨越多個檔案的數十處修改，形成一個完整的變更集（changeset）。此外，這種分析很可能會發現一些離群值（頻繁修改的設定檔或自動產生的程式碼中的熱點）。我們在瀏覽資料時，必須對這些異常值保持警惕，以減少在原本沒問題的地方發現問題的風險。

聲譽

無論我們是否意識到，我們軟體系統中的許多部分都會有不同的聲譽。有些聲譽比其他聲譽更強，有些是正面的，有些是非常負面的。然而，不管聲譽如何，都是隨著時間的推移慢慢建立起來的，隨著越來越多的工程師與程式碼互動，這就在工程組織中傳播。災難性源碼庫的消息有時甚至會傳到公司之外，傳到更廣泛的業界中，在朋友間的晚餐和網際網路論壇上討論。無論這些聲譽是否仍然為真，它們都能告訴我們關於我們應用程式中一些最麻煩部分的大量資訊，以及它們有多麼迫切需要我們的關注。

收集聲譽資料的一個簡單、低成本的方法是**訪談**（*interview*）其他開發人員。讓我們假設你正在開發一個向客戶每月收費以提供服務的應用程式，而你想改善你應用程式的計費程式碼。你規劃了一些採訪，訪問的開發人員分為幾大類：一類是經常直接經手計費程式碼的人，另一類是偶爾使用過的人。對於其中的每一類人，你都會想和那些在當前團隊和公司內部擔任過不同職位的開發人員交談。那些已經與計費程式碼密切工作了多年的人，其經驗可能和六個月前才剛被聘用的工程師，有很大的差異。

接著，我們設計一組問題，來幫助我們描述他們的經驗。我們首先提出幾個問題，來框定他們的背景，然後深入瞭解他們對那些程式碼的想法。表 3-4 中建議了一些問題來幫助你開始。

鑒於你對計費程式碼的經驗，當你在評估哪些檔案可以從徹底的重構中獲得最大效益時，你立刻想到了 *chargeCustomerCard.js*。你決定詢問你訪談的人關於這個檔案的情況，看看會引起怎樣的反應。如果你一提到 *chargeCustomerCard.js*，受訪者就皺起眉頭，不管他們是否對這個檔案的內部運作有深入的瞭解，這都有力指出此檔案可能需要一點關愛。

如果我們想從更大群的工程師徵集回饋意見，或在建立我們起始指標上時間緊迫，我們可以變換訪談問題的措辭，以適用一套標準的答案。這將使回應的彙總工作變得更容易，並讓我們更快地從中得出結論。不過要注意的是，把你同事的想法簡化為一組分數，你就會喪失一些面對面（或虛擬）訪談中可能收集得到的細微差別。

根據經驗，訪談往往會給你更多的彈性，讓你可以坦率地探討自然湧出的想法和話題。通常都是有來有往閒聊能帶來最好的「啊哈！（aha!）」時刻。如果我們只是發出具有長篇訪談問題的一份開發者調查表單，那你不僅無法要求受訪者即時為他們的答案提供更多細節，我們還很可能會得到更少的回應。我覺得很不好意思，因為我自己每次打開問卷時，若發現那是一連串的半開放式問題，我幾乎都是馬上設定提醒，想說以後再做。如果你想以問卷調查的形式向工程師徵集意見，請保持簡短，如此你才有更大的機會獲得高回覆率。

表 3-4　建議的訪談與調查問題

訪談問題	調查問題	注意事項
您使用 X 程式碼多久了？	選擇最能說明您使用 X 程式碼的時間之選項：> 6 個月；6 個月到 1 年；1 年以上。	請注意，在調查問題的版本中，你應該選擇對你的工程組織最有意義的時間範圍。在高成長的年輕公司中，這個範圍可能是幾個月；在較大、較成熟的公司中，這個範圍可能是幾年。
如果您能改變一件關於 X 程式碼的事情，您會怎麼做？為什麼呢？	如果您只能從列出的選項中選擇一項來改善您使用 X 程式碼的工作經驗，您會選擇哪一項？	對於調查問題，請選擇一些你認為影響最大的選項，並可選擇性地提供一個可寫的欄位。如果程式碼沒有任何測試，請添加一個選項說明程式碼已被完全測試。若有很大一部分程式碼是包含在長達數百行的幾個函式中，請添加一個選項，說明程式碼被分割成小的、模組化的函式。
告訴我您最近要修復的一個涉及 X 程式碼的臭蟲。什麼會讓它更容易解決呢？	下面列出的 Y 選項中，X 程式碼的哪些地方使得有效修復臭蟲的工作變得最為困難呢？	

訪談問題	調查問題	注意事項
您以前是否曾策略性地避免在 X 程式碼中工作（即在問題區域的上一層或下一層上修正一個臭蟲）呢？告訴我那種經歷。	在 1 到 5 的範圍內，1 是完全不可能，5 是非常可能，你有多大的機會找到一種方式來避免對 X 程式碼進行修改呢？	
X 程式碼的複雜性如何阻礙您開發新功能的能力？	1 代表非常不同意，5 代表非常同意，請對以下陳述進行評價：X 程式碼的複雜性是增加我開發新功能所需時間的一項重要因素。	
X 程式碼的複雜性如何阻礙您測試或除錯程式碼的能力？	1 代表非常不同意，5 代表非常同意，請對以下陳述進行評價：X 程式碼的複雜性是導致我的程式碼難以測試或除錯的一項重要因素。	
X 程式碼的複雜性如何阻礙您審查其他開發者對程式碼的變更？	1 代表非常不同意，5 代表非常同意，請對以下陳述進行評價：X 程式碼的複雜性是增加我審查其他開發者對程式碼的變更所需時間和難度的一項重要因素。	

聲譽也會阻礙一個團隊聘僱和留住工程師的能力。舉例來說，假設在你的公司，計費程式碼是眾所周知的暗藏危險。雖然團隊中可能有少數開發人員致力於完成他們的任務，但在一個複雜到令人感到挫折的源碼庫中工作，會對士氣造成不良影響。組織不願意承認他們是因為程式碼的品質和開發的實務做法而失去工程師，但這是常有的事。如果你能夠收集工程師離開團隊的原因，並將這些原因與程式碼的複雜度聯繫起來，這會是一個非常令人信服的指標，可以讓急需的資源轉而投入重構。

建構一個完整的畫面

現在我們已經熟悉了各式各樣的潛在指標，我們必須選擇要使用哪些指標。為了建立世界最新狀態最全面的視野，你必須找出最能說明你想解決的具體問題之指標。這些指標中沒有一個可以單獨量化大型重構工作的許多獨特面向，但結合起來，你就能建置出多面向的問題特徵。

我建議從每個類別中挑選一個指標。找出一種方法，能依據問題的性質和你已經擁有的工具，以一種最合理的方式來近似程式碼複雜度。產生一些**測試涵蓋率的指標**（*test coverage metrics*），以確保你的起步是正確的。找出**正式說明文件**（*formal documentation*）的某個來源，你可以用它來說明你的重構所要解決的問題，並使用一些**非正式說明文件**（*informal documentation*）來支援它。對**版本控制**（*version control*）資料進行剖析，以收集有關你熱點和程式設計模式的資訊。最後，透過與同事聊天來考量程式碼的**聲譽**（*reputation*）。

如果你發現這些指標中的大部分都能幫助你量化你要重構的程式碼當前的狀態，以及它對你的組織的影響，那就考慮選出最有可能顯示出顯著改善的子集。這些指標對於你的團隊成員和最終的管理階層最有說服力。最後，你必須向你的上司提出一個令人信服的論點，說服對方你和你團隊成員準備投入到重構中的時間和精力將得到回報。

我們已經成功地收集了證據來幫助我們正確地描述我們所遭遇的問題，但設置好舞臺只是整體拼圖的一部分。接下來，我們要利用收集到的資料來組合出一個具體的執行計畫。

第四章

擬出計畫草案

某天，我計畫完成蒙特利爾（Montreal）和溫哥華（Vancouver）之間 4,500 公里的車程。駕車從開始到結束大約需要 48 小時，最快的路線涵蓋了加拿大和美國邊境的大部分長度。然而，最快的路線不一定是最值得的路線，如果我在渥太華（Ottawa）的 Parliament Hill、多倫多（Toronto）的標誌性建築 CN Tower 和 Sleeping Giant 省立公園停留，我的行程就會延長幾個小時，大約多了 600 公里。

現在，曾經踏上這段旅途的人都知道，從頭到尾不停地開車是不切實際而且危險的。所以，在我出發之前，我應該為這次公路旅行制定出大致的輪廓。我應該弄清楚，在交通繁重的日子裡，我能輕鬆自如地駕駛多久的時間，而有哪些城市我可能會想路過去看看風景。總的來說，我估計這次旅行可能需要 7 到 10 天，這取決於我花多少時間在觀光上。這種彈性允許一些意想不到的轉折，無論我是決定多遊覽一天，還是被困在路邊需要呼救。

除了實際到達最終目的地之外，你如何知道你的公路旅行是否成功？如果你為旅行設定了預算，那麼下一張信用卡帳單如果落在範圍內，你可能就已經達成你的目標。或許你想在沿途的每一站都吃個漢堡。也許，你只是想看看新東西，與朋友或家人共度一段美好時光，留下一些新的回憶。雖然聽起來很俗氣，但對公路旅行而言，旅程就跟目的地一樣重要。

任何大型的軟體工作看起來都很像一次橫跨國家的公路旅行。身為開發人員，我們決定一系列想要抵達的里程碑、在每個里程碑之間我們想要完成的任務，以及我們認為可能到達目的地的估計時間。我們沿途追蹤我們的進展，確保我們能在分配給自己的時間內達成目標。最後，我們希望看到一個可衡量的正面衝擊，以可持續發展的方式實現。

我們已經花時間瞭解了我們程式碼的過去，首先確定了我們的程式碼是如何劣化的，然後確定了這種退化的特徵。現在，我們已經準備好去規劃它的未來。我們將學習如何將大規模的重構工作分割成它最重要組成部分，制定一個既徹底又準確的計畫。我們將強調何時以及如何參考我們在第 3 章中精心收集的指標來描述目前的問題狀態。我們還會討論將你的計畫分享給其他團隊的重要性，並藉由強調在整個過程中持續更新計畫的價值作為總結。

每個人都會透過不同的途徑來構建執行計畫。無論你的團隊稱它們為技術規格、產品簡報，還是徵求意見書（requests for comments，RFC），它們都有相同的用途：記錄你打算做什麼以及你要如何進行。擁有一個清晰、簡明的計畫是確保任何軟體專案成功的關鍵，無論它是否涉及重構或建置一項新的功能，它使每個人都專注於手上的重要任務，並在整個工作過程中對他們的進度負責。

定義你的最終狀態

我們的第一步是定義我們的最終狀態。我們應該已經對我們目前所處狀態有了深刻的理解，我們在第三章中花了大量的時間來衡量與定義我們想要解決的問題。現在，既然我們已經打下了基礎，我們就得確定我們想要落腳的地方。

路途上

我們將在目前居住的蒙特利爾開始我們的公路旅行。散佈在那片海岸上的數百個城鎮和城市中，我們只能選擇一個作為目標。所以，經過一番研究，我們決定以溫哥華為目標。

接著，我們需要熟悉直接進入城市的高速公路，並決定到達後我們可能想住在哪裡。我們向曾住在溫哥華的朋友或經常在那裡旅行的朋友尋求推薦。我們的目的地是雅樂鎮（Yaletown），一個以水邊的舊倉庫建築而聞名的社區。既然旅行有了明確的目的地，我們就可以開始考慮如何準確地到達那裡。

工作上

為了說明本章中的許多重要概念，我們將以一家有 15 年歷史的生物科技公司的大規模重構為例，我們稱這家公司為 Smart DNA, Inc.。它的大部分員工都是研究科學家，為一個複雜的資料處理管線做出貢獻，這個管線由分散在幾個儲存庫（repositories）中的數

百個 Python 指令稿（scripts）組成。這些指令稿被部署到五個不同的環境中並在其中執行。所有的這些環境都仰賴 Python 2.6 的版本。不幸的是，Python 2.6 早已被廢棄，使公司容易受到安全性漏洞的影響，並使其無法更新重要的依存關係（dependencies）。雖然依賴過時的軟體很不方便，但公司並沒有計畫要優先升級到較新的 Python 版本。考慮到現有的測試非常有限，這是一項龐大且有風險的任務。簡單地說，這是公司多年來最大的一筆技術債。

研究團隊最近越來越擔心他們無法使用較新版本的核心程式庫的情況。現在由於升級變得對業務很重要，我們就被指派將每個儲存庫和環境遷移到 Python 2.7 的任務。

研究團隊使用 pip 來管理其依存關係。每個儲存庫都有自己的依存關係清單，編碼在一個 *requirements.txt* 檔案中。因為有這些不同的 *requirements.txt* 檔案，在不同專案之間切換時，團隊很難記住一個給定的專案是安裝了哪些依存關係。這也需要軟體團隊對每個檔案進行審核，並獨立地將其升級到與 Python 2.7 相容。因此，軟體團隊決定，儘管並非必要，但統一儲存庫，從而統一依存關係，會使 Python 2.7 的升級更為容易（並簡化研究人員的開發程序）。

我們的執行計畫應該清楚勾勒出所有的起始指標和作為目標的結束指標，並附加（雖然是有用但）選擇性的額外一欄，用以記錄實際觀察到的結束狀態。對於 Python 的遷移來說，起始指標集很明確：每個儲存庫（repository）都有不同的依存關係清單，而每個環境都運行 Python 2.6。目標指標集也同樣簡單：讓此公司的每個環境都運行 Python 2.7，並在單一地點管理清晰、簡潔的一組必要程式庫。表 4-1 顯示了一個例子，其中我們列出 Smart DNA 的指標。

表 4-1　用來比較專案開始時的指標、目標指標和專案完成時的觀察值的圖表

指標描述	起始	目標	觀察到的
環境 1	Python 2.6.5	Python 2.7.1	-
環境 2	Python 2.6.1	Python 2.7.1	-
環境 3	Python 2.6.5	Python 2.7.1	-
環境 4	Python 2.6.6	Python 2.7.1	-
環境 5	Python 2.6.6	Python 2.7.1	-
不同的依存關係清單總數	3	1	-

請自由提供一個理想的最終狀態和可接受的最終狀態。有時，達成 80% 的目標就能獲得 99% 的重構效益，而為了達到 100% 的目標所需的額外工作量根本不值得。

繪製出最短距離

接下來，我們要繪製起始狀態和結束狀態之間最直接的路徑。這應該能給我們一個很好的下限估計值，指出執行我們專案所需的時間。以最小的路徑進行構建，可以確保你的計畫在沿途引入中間步驟時仍能維持在規劃的路途上。

路途上

所以，對於我們的公路旅行，我們快速搜索一下蒙特利爾和溫哥華之間最直接的路線是什麼樣子的（圖 4-1）。假設最小的交通量，如果我們離開蒙特利爾，不停地往西開，似乎需要 47 個小時。

圖 4-1 從我們在蒙特利爾的地址到溫哥華的雅樂鎮社區之間最直接的路線

我們可以藉由判斷每天開車多少小時還算舒適，然後將其平均分配到大約 47 個小時中，來決定一個更合理的旅程下限。如果我們每天想要開車 8 個小時，那就需要 6 天左右的時間。

現在，我們已經繪製出了兩點之間最短的路徑，我們可以開始挑出我們想要改變的任何麻煩之處或總體策略。直達路線的一個特點是，它絕大部分的路程都是穿越美國，而非加拿大。如果我們想把我們的車程限制在北緯 49 度以北的地區，我們將增加一兩個小時的行程。不過，由於這確實降低了整個行程的複雜度（不用攜帶護照，也不需要擔心在過境點浪費時間），我們將選擇留在加拿大（圖 4-2）。

圖 4-2　限制在加拿大道路上行駛的稍微比較慢的路線

工作上

遺憾的是，軟體專案的 Google Maps 尚不存在。那麼我們要如何判斷從現在到專案完成的最短路徑呢？我們能透過以下幾種方法來實現：

- 打開一份空白的文件，用 15 到 20 分鐘的時間（或者直到你沒有靈感為止），寫下你能想到的每個步驟。將此文件至少擱置幾個小時（最好是一兩天），然後再次打開該文件，試著按照時間順序排列每一步。當你開始對步驟進行排序時，繼續問自己，每個步驟是否都是達到最終目標所必須的。如果不是，就把它刪除。一旦你有了一套有序的步驟，重新閱讀該程序。填補出現的任何明顯空白。若有任何步驟定義得非常不明確，也不要擔心，我們的目標只是產生完成專案所需的最小步驟集。這不會是最終的產品。

- 召集幾名同事，他們要不是對此專案感到興趣，就是你知道他們可以做出貢獻。預留一個小時左右的時間。為你們每個人拿一包便利貼和一支筆。在 15 到 20 分鐘的時間裡（或者直到每個人都寫完了），把你認為需要的每一個步驟都寫在個別的便利貼上。然後，讓第一個人按時間順序列出自己的步驟。後續的隊友查看自己的每一張便利貼，並將其與重複的便利貼配對，或者把它插入到時間軸內的適當位置。一旦每個人都整理好了所有的便利貼，就去查看每個步驟，並詢問房間裡的人是否認為該步驟是達到目標所絕對需要的。如果不是，就把它丟掉。最終的結果應該是一套合理的最小步驟集（你可以輕易將這個方法套用於分散式團隊，將所有單獨的腦力激盪步驟合併到一個共同分享的文件中。無論哪種方式，活動的最終輸出都應該是一個易於分發和協作改善的書面文件）。

如果這些選項都不適合你，那也沒關係！使用你認為最有效的任何方法。只要你能夠列出一串步驟，並且相信那是實現目標的直接路徑，無論它們的定義多麼模糊，你都算成功地完成了這關鍵的一步。

Smart DNA 的團隊聚集在一間會議室裡，花了幾個小時的時間，針對為了讓所有服務使用新版本 Python 所需的步驟進行了腦力激盪。在一塊白板上，他們首先畫了一條時間軸。最左邊是他們的起點，最右邊是他們的目標。隊友們輪流列出沿途的重要步驟，沿著時間軸將它們安置在一起。經過腦力激盪後部分的步驟如下：

- 手動建立單一個的清單，列出每個儲存庫的所有套件。
- 將清單範圍縮小到只有必要的套件。
- 確定在 Python 2.7 中，每個套件應該升級到哪個版本。
- 建置包含所有必要套件的一個 Docker 容器。
- 在每個環境中測試此 Docker 容器。
- 找出每個儲存庫的測試，判斷哪些測試是可靠的。
- 將所有儲存庫合併成一個儲存庫。
- 選擇一個 linter 和相應的組態。
- 將 linter 納入到持續整合中的一部分。
- 使用 linter 來識別程式碼中的問題（未定義變數、語法錯誤等）。
- 修復 linter 所發現的問題。
- 在所有環境中安裝 Python 2.7.1 並進行測試。
- 在低風險指令稿所成的某個子集上使用 Python 2.7。
- 將 Python 2.7 推展到所有腳本上。

我們可以從這個子集中看到，有些可以平行進行，或者重新排序，而另一些則應該進一步細分。在此過程的這一時間點上，我們的焦點是對所涉及的步驟有一個粗略的認識，我們將在整個章節中完善這個程序。

找出策略性的中間里程碑

接下來，我們將利用推衍出來的程序來得出中間里程碑（intermediate milestones）的一個有序清單。這些里程碑不需要大小相近，也不需要均勻分散，只要它們能在一個讓人感覺合適的時間範圍內實現即可。我們應該致力於尋找那些本身就有意義的里程碑。也就是說，要麼達到里程碑本身就是一種勝利，要麼它定義了一個若有必要我們可以輕鬆地停在那裡的步驟（或者兩者兼有）。如果你找出的里程碑既有意義又能儘早展示重構工作的潛在衝擊，那麼你就做得很好！

路途上

在溫尼伯（Winnipeg）和溫哥華之間的這段旅程中，我們向一些朋友和家人詢問有關景點和活動的建議。在權衡了他們的建議和我們自己的興趣之後，我們得出了一個粗略的行程，其中包括露營、參觀博物館、有美味餐點的休憩站，以及一些拜訪遠親的活動（圖 4-3）。但任何時候，這些興趣點都不會讓我們偏離所規劃的路程太遠。

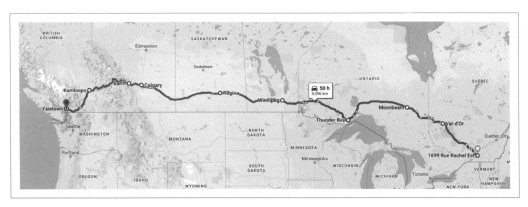

圖 4-3　我們大致的行程

工作上

我們可以運用類似的策略來鎖定重構工作的里程碑。對於我們之前腦力激盪的每一個步，我們可以問自己這些問題：

1. 這個步驟是否感覺可以在合理的時間內實現？

讓我們回到之前的例子，如更前面「工作上」一節中所概述。一個合乎邏輯的、可行的里程碑可能是將每個不同的儲存庫合併成單一個儲存庫，以便於使用。Smart DNA 的軟體團隊預計，在不影響研究團隊開發流程的情況下，將需要六週的時間來正確合併儲存庫。由於軟體團隊慣於以較快的速度行進，而且成員們擔心，如果他們在遷移過程中過早地開始合併儲存庫，會影響到士氣，因此他們決定採用一個更簡單的初始里程碑：產生單一個 *requirements.txt* 檔案，包含每個儲存庫的所有套件依存關係。藉由花時間儘早減少依存關係集合，他們簡化了研究團隊的開發過程，向合併儲存庫邁出了實質性的一步，並讓 Python 2.7 的遷移完成之前必須進行的作業變得可行。

2. 這個步驟本身有價值嗎？

在選擇主要里程碑時，我們應該優先挑選那些能夠儘早並頻繁展示重構好處的步驟。有種方法是，關注那些在完成後能為其他工程師衍生出直接價值的步驟。這應該有望提高你的團隊和受你的變更影響的其他工程師的士氣。

為 Python 的遷移劃定範疇時，我們注意到，沒有一個儲存庫使用任何的持續整合（continuous integration）來為擬議的程式碼變更透過 lint 檢查常見的問題。我們知道，對現有程式碼使用 linter 可以幫助我們找出在 Python 2.7 中執行它時可能遇到的問題。我們還知道，啟用一個簡單且自動化的 inting 步驟能在未來的幾年裡在整個研究團隊中提倡更好的程式設計實務做法。事實上，這所帶來的價值高到，不管在何種情況下，建立一個自動化的 linting 步驟都能作為一個獨立的專案進行。這向我們表明，這是一個有意義且重要的中間步驟。

3. 若有事情發生，我們是否可以停在這步而且之後能輕易繼續進行？

在一個完美的世界裡，我們不需要考慮到業務優先順序改變、突發事件或組織重組等變動。遺憾的是，無論在哪個行業這些都是工作的現實。這就是為什麼最好的計畫要考慮到意外情況。應對破壞性變化的一種方法是將我們的專案分成不同的部分，而且在我們需要暫停開發的情況下，這些部分可以獨立存在。

就我們的 Python 範例而言，我們可以在修復了 linter 所指出的所有錯誤和警告之後，但在開始使用新版本執行某個指令稿子集之前，輕鬆地暫停項目。取決於我們處理重構的方式，中途暫停可能會讓還在儲存庫中工作的研究人員感到困惑。無論原因為何，如果重構需要暫停，那麼在我們開始使用 Python 2.7 執行指令稿的某個子集之前立即暫停，

都會是安全的，我們仍然可以在總體目標上取得相當大的進展，並在我們下一次能夠重新開始時，從一個乾淨、輕鬆的位置繼續進行。

在花時間指出策略性里程碑之後，我們重新組織了執行計畫，以突顯這些步驟，並據此對子任務進行分組。更加完善的計畫如下：

- 創建一個單一的 *requirements.txt* 文件。

  — 列舉每個儲存庫使用的所有套件。

  — 審核所有套件，並將清單縮小到只需要相應版本的套件。

  — 確定每個套件在 Python 2.7 中應該升級到哪個版本。

- 將所有的儲存庫合併到單一個儲存庫中。

  — 創建一個新儲存庫。

  — 對於每個儲存庫，使用 git 子模組（submodules）將之加到新的儲存庫。

- 構建一個包含所有必要套件的 Docker 映像（Docker image）。

  — 在這每個環境上測試此 Docker 映像。

- 透過單體儲存庫（mono repository，monorepo）的持續整合來啟用 linting。

  — 挑選一個 linter 及其相應的組態（configuration）。

  — 將 linter 加到持續整合中。

  — 使用 linter 來識別出程式碼中的邏輯問題（未定義的變數、語法錯誤等）。

- 在所有環境中安裝並推行 Python 2.7.1。

  — 為每個儲存庫找出其測試，判斷哪些測試是可靠的。

  — 在低風險指令稿的某個子集上使用 Python 2.7。

  — 將 Python 2.7 推行到所有指令稿上。

希望在你確定了關鍵的里程碑之後，你會有一個讓人感覺平衡、可實現和有價值的程序。然而，需要注意的是，這不是一門完美的科學。根據必要步驟所涉及的心力和它們的相對影響來比較這些步驟，可能是相當困難的。我們將在案例研討章節的第 10 章和第 11 章中看到一個例子，說明我們在策略性地規劃大規模重構時，如何決定要怎麼權衡這些考量。

可重複的步驟

要將你的重構專案拆分成有意義的里程碑，其中一種方法是挑選程式碼中單一的邏輯部分並在其中進行。這就像一種迷你重構，你能以較小的尺度說明重構的總體目標。採取這種方法時，你可以選擇源碼庫中最急需重構的部分，或者選擇只需相對較少努力就能修改，而且能很好地反映出改善效果的部分。

你可以在整個目標表面積上重複這個過程，一次一部分的進行。這樣你就可以逐次鎖定源碼庫中定義明確的各個部分，並與可能受到你的變更影響的團隊依序協調。每完成一個部分，你就向你的目標邁出了堅實的一步，同時讓整體源碼庫的變化侷限在一定範圍內。若是你的源碼庫分區明確，你就能最大限度地減少在單一部分中工作的人長期受到進行中的重構影響的機會。

舉例來說，Smart DNA 的團隊可以針對每個儲存庫，把儲存庫合併過程拆成幾個可重複的個別步驟。首先，將該儲存庫的 *requirements.txt* 檔案合併到全域的 *requirements.txt* 檔案中。接下來，使用 `git submodule` 把那個儲存庫新增到較大的儲存庫中。最後，測試指令稿是否可以執行。單純在所有剩餘的儲存庫上重複這些步驟。

 如果值得，先想辦法把你的變更抽取出來。把你想要改進的所有邏輯都移到某種抽象層的背後。這將進一步降低其他開發人員在任何給定的時間點上必須面對多個實作（及其細節）的風險。一旦你建立了抽象層，你就可以專注在改變必要邏輯的艱苦工作之上。

最後，一旦我們有了最終狀態和關鍵的里程碑，我們就會想要推算出最終狀態和中介的每個策略性里程碑之間的中間步驟。如此，我們就能在建立詳細計畫的同時，仍然把注意力鎖定在最關鍵的部分上。

在此，我們可以花一些時間來弄清楚，重構的某些部分是否與順序無關，也就是說，它們是否可以在任何時候完成，只有很少的先決條件或沒有先決條件。舉例來說，假設你已經為你的專案找出了幾個關鍵的里程碑，我們稱它們為 A、B、C 和 D。你注意到在處理 B 或 C 之前需要完成 A，而在處理 D 之前需要完成 B。關於 C 你有三種選擇：你可以讓 C 與 D 同時並行、完成 C 然後再處理 D，或者完成 D 之後再達成 C。

如果你有預感 B 將是一個困難且耗時的里程碑，而 D 看起來也同樣具有挑戰性，你可能會想把里程碑 C 放在 B 和 D 之間來打破這種局面。這應該有助於提高士氣，並在漫長的重構工作中為團隊增添一些動力。另一方面，如果你認為你可以輕鬆地讓里程碑 C 和 D 的工作平行推進，並早一點結束專案，那麼這可能也是一個值得的選擇。

這一切都歸結於如何平衡與每個必要步驟關聯的時間和精力，同時考慮它們對你源碼庫和你團隊之福祉的影響。

選擇推行策略

是否有為你的重構工作制定一個深思熟慮的推行策略（rollout strategy），將決定你的重構工作是巨大的成功或是徹底的失敗。因此，將其作為執行計畫的一部分絕對是至關重要的。如果你的重構涉及多個不同的階段，而每個階段都有自己的推行策略，那麼一定要在每個階段的總結步驟中簡述這些策略。儘管每種團隊所使用的部署做法各有不同，但在本節中，我們將只討論進行持續部署（continuous deployment）的團隊所特有的推行策略。

典型情況下，採用持續部署的產品工程團隊一開始會先發展一項新功能，並在整個過程中以手動和自動的方式測試它。當所有檢核方塊都已勾選後，該項功能就會小心翼翼地逐步推出給實際用戶。在最後的推行階段之前，許多團隊會將該功能部署到他們產品的一個內部建置版（internal build）中，以便在開始部署到用戶端之前，再給自己一次剔除問題的機會。在這種情況下，衡量成功與否很容易，如果功能的運行符合預期，那就太好了！如果我們發現任何臭蟲，我們就設計補救措施，並根據這個修復方案的影響，要麼重複這種逐步推行的過程，要麼立即將其推送給所有用戶。

 在持續部署環境中，使用**功能旗標**（*feature flags*）在執行時期持續隱藏、啟用或禁用特定功能或程式碼路徑，是一種常見的做法。好的功能旗標解決方案允許開發團隊靈活地將不同的用戶組合分配給特定的功能（有時依據數個不同屬性）。舉例來說，如果開發的是社交媒體應用程式，你可能想要將某個功能發佈給在單一地理區域內的所有使用者、全球隨機 1% 的用戶，或者 40 歲以上的所有用戶。

就重構專案而言，雖然我們當然希望儘早且頻繁地測試我們的變更，並非常謹慎地將其推展給用戶，但要確定一切是否按照預期運作，就相當棘手了。畢竟，關鍵的成功指標之一是行為沒有改變。確定沒有變化會比發現改變還要困難得多，即使是最少的改變。所以，確定重構沒有引入任何新的臭蟲最簡單的方法之一，就是透過程式化的方式，比較重構前的行為和重構後的行為。

明暗模式（Dark Mode/Light Mode）

我們可以採用我們在 Slack 發展出來的明 / 暗（light/dark）技巧來比較重構前和重構後的行為。這裡是它的工作原理。

首先，將重構後的邏輯與當前邏輯分開實作。範例 4-1 以小尺度描述了這個步驟。

範例 4-1　新和舊的實作，也許放在不同檔案中

```javascript
// 線性搜尋，這是舊的實作
function search(name, alphabeticalNames) {
  for(let i = 0; i < alphabeticalNames.length; i++) {
    if (alphabeticalNames[i] == name) return i;
  }
  return -1;
}

// 二元搜尋，這是新的實作
function searchFaster(name, alphabeticalNames) {
  let startIndex = 0;
  let endIndex = alphabeticalNames.length - 1;

  while (startIndex <= endIndex) {
    let middleIndex = Math.floor((startIndex+endIndex)/2);
    if (alphabeticalNames[middleIndex] == name) return middleIndex;

    if (alphabeticalNames[middleIndex] > name) {
      endIndex = middleIndex - 1;
    } else if (alphabeticalNames[middleIndex] < name) {
      startIndex = middleIndex + 1;
    }
  }

  return -1;
}
```

然後，如範例 4-2 中所示，將來自目前實作的此邏輯重新放置到一個分別的函式中。

範例 4-2　移至一個個別檔案的舊實作

```javascript
// 既有的函式現在呼叫重新安置之後的實作
function search(name, alphabeticalNames) {
  return searchOld(name, alphabeticalNames);
}

// 線性搜尋邏輯移到了一個新的函式
function searchOld(name, alphabeticalNames) {
  for(let i = 0; i < alphabeticalNames.length; i++) {
    if (alphabeticalNames[i] == name) return i;
  }
  return -1;
}

// 二元搜尋，這是新的實作
function searchFaster(name, alphabeticalNames) {
  let startIndex = 0;
  let endIndex = alphabeticalNames.length - 1;

  while (startIndex <= endIndex) {
    let middleIndex = Math.floor((startIndex+endIndex)/2);
    if (alphabeticalNames[middleIndex] == name) return middleIndex;

    if (alphabeticalNames[middleIndex] > name) {
      endIndex = middleIndex - 1;
    } else if (alphabeticalNames[middleIndex] < name) {
      startIndex = middleIndex + 1;
    }
  }

  return -1;
}
```

然後，將之前的函式轉化為一個抽象層，有條件地呼叫其中一個實作。在暗模式（dark mode）之下，兩個實作都被呼叫，結果會被比較，並回傳舊實作的結果。在明模式（light mode）之下，呼叫兩個實作，比較結果，並回傳新實作的結果。從範例 4-3 中可以看出，調整現有的函式定義能讓我們修改盡可能少的程式碼。（雖然我們的例子沒有描述，但為了防止作為明 / 暗過程的一部分時效能下降，新舊實作應該共時執行。）

範例 4-3　現有的介面被用作呼叫新舊實作的抽象層

```
// 既有的函式現在是呼叫任一個實作的抽象層
function search(name, alphabeticalNames) {
  // 如果處於暗模式，就回傳舊的結果。
  if (darkMode) {
    const oldResult = searchOld(name, alphabeticalNames);
    const newResult = searchFaster(name, alphabeticalNames);

    compareAndLog(oldResult, newResult);

    return oldResult;
  }

  // 如果處於亮模式，就回傳新的結果。
  if (lightMode) {
    const oldResult = searchOld(name, alphabeticalNames);
    const newResult = searchFaster(name, alphabeticalNames);

    compareAndLog(oldResult, newResult);

    return newResult;
  }

  return search(name, alphabeticalNames);
}

// 線性搜尋的邏輯移到一個新的函式。
function searchOld(name, alphabeticalNames) {
  for(let i = 0; i < alphabeticalNames.length; i++) {
    if (alphabeticalNames[i] == name) return i;
  }
  return -1;
}

// 二元搜尋，這是新的實作
function searchFaster(name, alphabeticalNames) {
  let startIndex = 0;
  let endIndex = alphabeticalNames.length - 1;

  while (startIndex <= endIndex) {
    let middleIndex = Math.floor((startIndex+endIndex)/2);
    if (alphabeticalNames[middleIndex] == name) return middleIndex;

    if (alphabeticalNames[middleIndex] > name) {
      endIndex = middleIndex - 1;
```

```
    } else if (alphabeticalNames[middleIndex] < name) {
      startIndex = middleIndex + 1;
    }
  }

  return -1;
}

function compareAndLog(oldResult, newResult) {
  if (oldResult != newResult) {
    console.log(`Diff found; old result: ${oldResult}, new result: ${newResult}`);
  }
}
```

當抽象層正確到位，就開始啟用暗模式（即雙重程式碼執行路徑，回傳舊程式碼的結果）。監控兩個結果集之間記錄到的任何差異。追蹤並修復新實作中導致這些差異的任何潛在臭蟲。重複這個過程，直到你正確處理了所有的差異，為更廣泛的使用者群體啟用暗模式。

一旦所有使用者都選擇了暗模式，從風險最低的環境開始，開始對小部分使用者子集啟用明模式（即開始從新的程式碼路徑回傳資料）。繼續記錄結果集中的任何差異，如果其他開發人員正在積極發展相關程式碼，並有可能在舊實作引入沒有反映在新實作中的變更，這可能會有用處。繼續讓更廣泛的使用者群體進入明模式，直到每個人都能成功處理新實作的結果為止。

最後，停用雙重的程式碼執行路徑，繼續監控任何回報的臭蟲，並移除抽象層、功能旗標和條件式執行邏輯，並等到重構向用戶開放了足夠長的時間（不管這對你的用例來說那是多長），就完全刪除舊邏輯。只有新的實作應該繼續存在，取代舊實作原有的位置。例子請參閱範例 4-4。

範例 4-4 舊函式定義內的新實作

```
// 二元搜尋，這是新的實作
function search(name, alphabeticalNames) {
  let startIndex = 0;
  let endIndex = alphabeticalNames.length - 1;

  while (startIndex <= endIndex) {
    let middleIndex = Math.floor((startIndex+endIndex)/2);
    if (alphabeticalNames[middleIndex] == name) return middleIndex;

    if (alphabeticalNames[middleIndex] > name) {
```

```
      endIndex = middleIndex - 1;
    } else if (alphabeticalNames[middleIndex] < name) {
      startIndex = middleIndex + 1;
    }
  }

  return -1;
}
```

跟任何方法都一樣，還是有些缺點需要注意。如果你要重構的程式碼對效能敏感，而且你的運行環境無法進行真正的多執行緒處理（PHP、Python 或 Node），那麼讓同一邏輯的兩個版本並行可能不是很好的選擇。例如你正在重構程式碼涉及到一個或多個網路請求，假設這些依存關係不會隨著重構而改變，你將會連續進行雙倍的網路請求。你必須在呼應事實的變更審核能力和相應增加的延遲之間進行權衡。有種取捨可能是以取樣速率執行雙程式碼路徑及後續的比較。如果這個路徑被擊中的頻率非常高，只在 5% 的時間執行比較，就可能會累積到足夠的資料，顯示你的解決方案是否照預期工作，而且不會對效能造成太大影響。

我們還必須注意到，這是否會對下游資源造成任何的額外負擔。這可能包括任何東西，從資料庫到訊息佇列，再到我們用以記錄程式碼路徑之間差異的那個系統都是。如果我們正在重構一個高流量的路徑，並且希望經常進行比較，我們就得確定這不會意外使我們底層的基礎設施負荷過重。根據我的經驗，這些比較可以挖掘出一大批意想不到的差異（特別是在重構複雜的舊有程式碼時）。採取緩慢的、漸進式的方法來逐步增加雙重執行和比較，會比起冒著記錄系統超載的風險更為安全。設置一個較低的初始取樣速率（sample rate），處理出現的任何高頻差異，然後重複，逐步增加取樣速率，直到你達到 100% 或你有信心不會再出現差異的某個穩定狀態為止。

Smart DNA 的推行

在 Smart DNA 的重構中，更大的風險在於將每個儲存庫的大量依存關係遷移到與 Python 2.7 相容的版本，而非使用較新的 Python 版本執行現有程式碼本身。軟體團隊決定先進行一些初步測試，在一個隔離的環境中設置一部分的資料管線，兩個版本的 Python 都安裝，並執行一些任務，在 2.7 環境中使用新的依存檔案。當他們對初步測試的結果有信心時，他們會慢慢地、謹慎地在正式生產環境中引入新的一組依存關係，並加以使用。

為了限制所涉及的風險，團隊審核構成研究人員資料管線的任務，並依據它們的重要性進行分組。然後，工程師們挑選一個下游依存性最少的低風險任務，首先實行遷移。他們與研究團隊一起選出了一個好時機，將組態切換成指向新的 *requirements.txt* 檔案和新的 Python 版本。一旦做出變更，團隊計畫監控任務產生的記錄，以便及早捕捉到任何怪異的行為。若有任何問題出現，在軟體團隊修復的同時，組態會被切換回原來的版本。修補方法就緒後，團隊會重複這種實驗。作為其推行計畫的一部分，該團隊要求組態變更得在生產環境中持續幾天，讓該任務在十幾次成功運行後，再移轉至第二個任務。

在第二個任務成功遷移後，軟體團隊會讓所有低風險任務使用新的組態。然後，他們會對中等風險的任務重複這一過程。最後，對於最關鍵的工作，由於其重要性，團隊決定單獨遷移那每個任務。同樣地，他們將等候幾天，再為下一個任務重複這一過程，以此類推。總的來說，團隊認定了要將整個資料管線遷移到新環境，需要接近兩個月的時間。雖然這聽起來像是一個艱苦的過程，但軟體和研究團隊都認為，為了充分降低風險，這是必要的。這使每個人都有足夠的機會儘早逐步剔除問題，確保管線在整個過程中盡可能保持健康狀態。

清理人為構造

在第 1 章中，我提到，除非你有時間執行到完成，否則你不應該著手進行重構。在所有剩餘的過渡期人為構造（transitional artifacts）都被適當地清理掉之前，任何重構都是不完整的。以下是我們在重構過程中產生的各類人為構造的簡短清單，但並非詳盡無遺。

功能旗標（*Feature flags*）

我們大多數人都有遺漏一兩個功能旗標的毛病。幾天（甚至幾週）忘記刪除一個旗標並不是*那麼*糟糕的事情，但不清理這些旗標會帶來實際的風險。首先，驗證一個功能旗標是否被啟用，會增加複雜度。工程師在閱讀由功能旗標把關的程式碼時，需要考慮旗標被啟用或禁用時的行為。這對於持續部署環境中的功能開發來說，是必要的額外負擔，但我們應該在能夠做到這一點時，儘快優先刪除它。其次，陳舊的功能旗標可能累積起來。單一個旗標不會拖累你的應用程式，但數百個陳舊的旗標可能就會。實行良好的功能旗標禮儀，添加作者和到期日，並在那些日期過去後與當時負責的工程師進行後續追蹤。

抽象層（*Abstractions*）

我們可以試著透過構建抽象層來遮蔽重構時的過渡期，不讓其他開發者知道。事實上，我們可能已經寫過一個了，使用第 82 頁「明暗模式」中概述的部署方法。然而，一旦我們完成了重構，這些抽象層通常就不再有意義了，而且可能還會混淆開發人員。當我們的抽象層還包含一些有意義的邏輯時，我們應該努力簡化它們，這樣將來工程師讀到這些抽象層時，就沒有理由懷疑它們是為了順利地重構某些東西而寫的。

死碼（*Dead code*）

當我們在重構一些東西，尤其是在進行大規模重構時，我們通常會在推出後留下相當數量的死碼。雖然死碼本身並不危險，但對於接手的工程師來說，必須在以後試著確定它們是否還在使用，可能會感到沮喪。請回想前面的「沒用到的程式碼」中，我們討論了在源碼庫中留下未使用的程式碼之缺點。

註解（*Comments*）

我們在執行重構的過程中，會留下各種註解。我們會警告其他開發者有變化的程式碼，也可能留下少量的 TODO（待辦事項），或者註記重構完成後要刪除的死碼。這些註解應該被刪除，以免誤導任何人。若不幸遇到任何散雜的、未完成的 TODO，我們也會更加感激有花時間整頓我們的作品。

單元測試

根據我們執行重構的方式，我們可能除了現有的單元測試外，還會編寫重複的單元測試，以驗證變更的正確性。我們得清理任何多餘的新測試，這樣才不會混淆以後參照這些測試的任何開發人員。（如果你的團隊想要保持一個單元測試套件的快速運行，那麼冗餘的單元測試也不會是好東西）。

幾年前，我的一個隊友做了一個實驗，想判斷我們在計算功能旗標上花費了多少時間。對於我們後端系統的一般請求而言，這相當於近 5% 的執行時間。遺憾的是，我們花費時間計算的大量功能旗標，已在所有生產工作區（production workspaces）中啟用了，而它原本是可以完全移除的。我們建立了一些工具來督促開發人員清理他們的過期旗標，在短短幾週內就大大減少了處理這些旗標所花費的時間。功能旗標真的堆積加總！

如果說清理我們產生的每一種過渡期人為構造之原因，有一個共通點的話，那就是盡量減少開發人員的困惑和挫折感。這些人為構造增加了額外的複雜度，而遭遇它們的工程師就有可能浪費大量的時間去理解它們的用途。我們可以藉由清除它們來為大家減少很多的挫折感。

執行重構工作時，選擇一個標籤，讓你的團隊用以標記你需要清理的任何工件。它可以簡單到像是留下一個行內註解，例如 TODO: project-name，發行後清理。無論是什麼，都要讓它易於搜尋，這樣一旦你進入專案的最後階段，你就可以快速找出所有能夠清除的地方，以做最後打磨。

參照你計畫中的指標

在第 3 章中，我們討論過，在開始制定行動計畫之前，我們能以多種方法來描述世界的現狀。我們談到這些指標應該如何作為令人信服的理由，說服你團隊成員和管理階層支持你的專案。在本章開頭，我們還描述了使用這些指標來定義最終狀態的重要性（參閱第 72 頁的「定義你的最終狀態」）。現在，我們得用它們自己的指標來補充之前識別出的中間步驟（參閱第 77 頁的「找出策略性的中間里程碑」）。這些將有助於你和你的團隊確定是否取得了你們所期望的進展，如果軌跡出現偏差，也能盡早修正。

執行計畫也是管理階層（無論是你團隊的產品經理，你上級的上級，還是你們的首席技術長 [CTO]）對一個專案的第一印象。為了讓他們支持這個計畫，你的問題陳述不僅要有令人信服又清楚的成功標準，你的提案還需要包括明確的進度指標。向他們展示你有很強烈的目標，應該可以減輕他們是否批准一個漫長重構專案的任何顧慮。

根據目標指標推算出中間里程碑的指標

回顧表 4-1，其中展示了我們的起始指標和最終目標指標。對於我們的每一個里程碑，如果起始和結束的指標適用於我們的中間階段，我們可以添加一個條目，指出在重構過程中，我們預期改變哪些指標，以及如果它們適合中間的測量工作，那要改變多少。

可能比較適合用於中間測量的最終目標指標（end-goal metrics），包括複雜度指標、計時資料、測試涵蓋率和程式碼行數。然而，要注意的是，你的測量結果可能會在變好之前先變得更糟糕！舉例來說，請考慮第 82 頁「明暗模式」一節中詳細介紹的方法，其中有兩條程式碼路徑，這兩條路徑都做同樣的事情，這肯定會導致複雜度和程式碼行數的明顯上升。

遺憾的是，以我們的 Python 遷移為例，在專案的大部分時間裡，語言版本都是不變的。只有當團隊到達將新版本推行到公司每個環境的階段，我們才能開始看到指標有所變化。為了衡量進度，我們需要提出一套不同的指標，在整個開發過程中進行追蹤。

不同的里程碑指標

如上一節所示，並非所有的最終目標指標都能很好地顯示中期進展。如果是這樣的話，我們依然需要至少一個有效的指標來顯示推進情況。我們選擇的指標可能不會直接與我們的最終目標相關，但它們仍是前進道路上的重要路標。

有一些簡單的選擇存在。比如在 Smart DNA 中，我們已經設置了持續整合，並啟用了 linter 來警告未定義的變數。我們可以使用剩餘的警告數作為指標，衡量該步驟範圍內的進度。表 4-2 顯示了我們在第 77 頁「找出策略性的中間里程碑」集思廣益得出的每一個主要里程碑及其相應的指標（請注意 linting 里程碑的起始值只是個近似值，該團隊使用預設的組態在三個儲存庫中執行 `pylint`，並加總所產生的警告之數量，藉此提供一個估計值。）

表 4-2　Smart DNA 的 Python 遷移之里程碑指標表

里程碑說明	指標說明	起始值	目標值	觀察到的值
創建單一個 *requirements.txt* 檔案	不同的依存關係清單數	3	1	-
將所有儲存庫合併為一個	不同的儲存庫數	3	1	-
建置具備所有必要套件的一個 Docker 映像	使用新的 Docker 映像的環境數	0	5	-
透過持續整合為 monorepo 啟用 linting	linter 給出的警告數	大約 15,000	0	-
在所有環境上安裝並推行 Python 2.7.1	使用新的 *requirements.txt* 檔案以 Python 2.7.1 執行的任務數	0	158	-

預估時間

花時間將指標與我們最重要的里程碑聯繫起來之後，我建議開始估算所需時間。我們的計畫尚未進入最後階段，所以我們的估計值不應該非常具體（例如，單位是週或月，而非天數），但最重要的是，它應該是很寬容的。

回到我們的橫跨加拿大的公路旅行，我們已經設定了一些通用的指導方針，決定我們在從蒙特利爾到溫哥華的旅途中，何時何地停下來吃東西和睡個好覺。我們計畫中最長的駕駛時間用在里賈納（Regina）、SK、和卡爾加里（Calgary）、AB之間的路途，接近800公里的高速公路，大約7.5小時的車程。藉由確保我們每天的駕駛時間不超過8小時，我們早上有充足的時間在出發點收拾東西，並決定如何分配我們的一天。最重要的是，我們有給自己足夠的時間去享受這段旅程，我們仍然打算每天認真開一段路，但不要認真到抵達溫哥華時已經筋疲力盡的程度。

大多數團隊都有自己的指導方針和流程，但如果你還沒有（或者不知道如何對一個特別大的軟體專案進行估算），這裡有一個簡單的技巧。仔細檢查每一個里程碑，並分配從1到10的數字給它們，其中1表示相對較短的任務，10表示較長的任務。估計你最漫長的里程碑可能需要多長時間。現在想像一下，在這個里程碑期間，什麼地方最有可能出錯，然後據此更新你的估計值（不要做過頭了！在估算中加入合理的緩衝量是很重要的，否則，領導階層最終可能會決定我們的重構是不值得的）。現在，將每個較短的里程碑與這個較長的里程碑做比較。如果你預計你最長的里程碑需要10週時間來完成，而你第二長的里程碑應該也需要差不多的時間，那麼9週或許是一個不錯的估計。繼續往清單下方走，直到你給所有的東西一個粗略的估計值為止。

從重構的角度來看，設定寬容的估計值是很重要的，這主要有兩個原因。首先，當你遇到一兩個無可避免的路障時，它能為你的團隊提供緩衝的空間。軟體專案越大，一些事情不按計劃行進的可能性就越大，重構也不例外。在你的估計中建立一個合理的緩衝區，將賦予你團隊在重要的截止日期前完成任務的機會，同時有餘裕顧及一些討厭的臭蟲和突發事件。

大規模的重構工作往往會影響到多個團隊，所以你的專案有不小的機會意外地與另一個團隊的專案發生衝突。設置慷慨的估計值可以讓你更順利地應付這些情況，你會更冷靜地與其他團隊進行談判，因為你知道有足夠的時間達成下一個里程碑。你更有可能想出創造性的解決方案來處理僵局。如果你的團隊需要暫停當前里程碑的工作，你也能迅速地轉移，將你的注意力轉至重構的不同部分，之後再回頭處理當前的工作。

其次，這些估計將幫助你與利害關係者（產品經理、總監、CTO）以及有可能受到你的重構影響的團隊一起設定期望值。接著我們會詢問他們對我們計畫的看法，如果我們有謹慎地在我們提供的估算中設置足夠的緩衝，我們就會有一些談判的空間。下一節將進一步討論如何好好駕馭這些對話。

請記住，你可以賦予整個專案一個比它各部分總和更大的估計值。除非你的組織對如何估算軟體專案時程有嚴格的要求，否則沒有任何規則要求預期的專案完成日期必須與各個部分的完成日期精確一致。

與其他團隊分享你的計畫

大型重構專案通常會影響到跨越各領域的很多工程小組。你可以藉由逐步追蹤你的執行計畫，找出你認為在每個階段可能受你的重構影響最重的團隊，來確定它們到底有多少人（以及哪些人）。與你的團隊（或一小群值得信賴的同事）進行腦力激盪，以確保你已經涵蓋了各領域和部門。如果你的公司規模夠小，可以考慮查看所有工程部門的名單，並判斷每個小組為你的計畫提供輸入的意願。許多公司會籌組技術設計委員會，你可以向其提交專案建議書，讓公司不同領域的工程師對其進行點評。如果可以的話，請善用這些委員會；你很有可能在計畫啟動的會議之前就學到大量有用的資訊。

與其他團隊分享你的執行計畫有兩個主要原因。第一個，也可能是最重要的原因，是為了提供透明度。第二個原因是收集對你的計畫的看法，以便在尋求管理階層的支持之前，進一步強化你的計畫。

透明度

透明度有助於建立跨團隊的信任。如果你對公司的其他工程師坦誠相待，他們更有可能參與並投入到你的計畫中。這應該是不言而喻的，但如果你的團隊起草了一個計畫，並在沒有警告的情況下開始執行影響到許多小組的一個重構，你就有可能逐漸損害這種關係，造成危險。

你必須留意，你提出的變更可能會大幅改變他們擁有的程式碼，或影響他們維護的重要流程。就 Smart DNA 的 Python 遷移而言，我們將三個儲存庫合併為一個。這對於在這些儲存庫中工作的任何開發者或研究人員來說，都是一種重大的變化。受影響的團隊應該得到充分的預警，告知他們開發流程將發生變化。

重構也有可能影響其他團隊的生產力。舉例來說，如果我們提議將所有需要的套件合併到單一的全域 *requirements.txt* 檔案中，我們可能需要其他團隊的幫助，以審核和批准他們的變更。我們甚至可能會詢問是否可從其他團隊借調工程師來幫助完成重構（參見第6章，深入瞭解如何招募隊友）。

同樣地，你也要確保你的計畫與受影響的團隊保持一致。如果你計畫修改另一個團隊所擁有的程式碼，而此時他們也正計畫啟動一個主要功能的開發工作（或者他們自己的重構），你將需要進行協調，以確保你們不會互扯後腿。

觀點

與其他團隊分享你的計畫的第二個理由是，藉此獲取他們的觀點。你已經做了研究來定義問題，並草擬了一個全面的計畫，但那些有可能受到你提議的變更影響的團隊，是否會支持你的努力？如果他們不相信你重構的好處超過了給他們團隊帶來的風險與不便，你可能就得重新考慮你的方法。也許你可以用一種更有說服力的方式來傳達好處，或者找到一種方法來降低與當前計畫相關的風險水平。與該團隊合作，找出什麼能讓他們對你的計畫更滿意（你可以使用下一章中概述的一些技巧來協助）。

如果你正致力於重構一個複雜的產品，很可能會有一些你沒有考慮到的邊緣情況。只要能得到第二（和第三、第四）雙眼睛，就會產生巨大的差異。比方說，在審核 Smart DNA 研究團隊使用的套件時，我們並沒有注意到一些研究人員會直接手動更新其中一台機器上的 *requirements.txt* 檔案，而不是在版本歷史中進行修改並部署新程式碼。當我們與研究人員分享我們的計畫時，他們會指出，他們通常會在機器本身上更新他們的依存關係，軟體團隊應該在那裡驗證版本，而非檢查他們的儲存庫。比起沒有事先諮詢研究人員就開始執行專案的情況，這點洞察會讓我們的軟體團隊免去很多痛苦和尷尬。

請記住，雖然在開始執行前徵求利害關係者對你的計畫的意見，是很重要的事情，但在這個階段沒有什麼是肯定不變的。在整個重構過程中，你的計畫很可能會發生變化，你會遇到一兩個意料之外的邊緣情況、或是花費比預期更多的時間來解決一個麻煩的臭蟲，或者意識到你最初的方法有一部分根本行不通。在這個階段，我們尋求其他的觀點主要是作為一種手段，以確保與他人合作時的透明度，並儘早剔除那些明顯的問題。我們將在第 7 章討論如何讓這些利害關係者參與進來，並在我們計畫演進過程中瞭解情況。

避免範圍蔓延（Scope Creep）

雖然其他團隊的想法和展望對最終敲定我們的執行計畫有非常大的幫助，但我們必須繼續專注於我們的最終目標，以免意外地引入任何額外的範圍。可能會有一些小型的新步驟需要被添加到我們的計畫中，以妥善處理一兩個我們之前沒有考慮到的邊緣情況，但我們應該謹慎地只加入絕對必要的內容，以確保維持我們主要里程碑的同時，我們依然能達到所期望的最終狀態。

在對話中，同事們如果說了：「趁現在，我們可以……」或「我一直希望 X 也能處理……」這樣的話，就要謹慎對待。除非你精通說「不」的藝術，否則你最終可能會同意去做比你最初預期更多的事情。我們都希望我們的重構能解決盡可能多的痛點，讓盡可能多的工程師感到滿意。遺憾的是，帶著這樣的心態去進行大規模的重構，幾乎可以保證它無法持續下去，總會有另一個問題要解決或另一名工程師要安撫。我們應該致力於規劃和執行一個我們有信心在合理的時間內完成的重構。它很可能無法解決所有問題，但至少它能解決對的問題。

精煉計畫

在 Smart DNA，軟體團隊勤奮工作，為其從 Python 2.6 遷移到 2.7 建立了一個詳盡的執行計畫。在經歷了我們所概述的每一個步驟、定義了目標狀態、找出重要的里程碑、挑選推行策略等步驟之後，團隊得出了一個他們有信心的計畫，如下所示：

- 創建單一的 *requirements.txt* 檔案。

    — **衡量標準**：不同的依存關係清單數；**開始**：3 個；**目標**：1 個

    — **預估時間**：2-3 週

    — **子任務**：

        — 列舉每個儲存庫使用的所有套件。

        — 審核所有的套件，並將清單縮小到只包含相應版本的必要套件。

        — 找出每個套件在 Python 2.7 中應該升級到哪個版本。

- 將所有的儲存庫合併到單一的儲存庫中。

    — **衡量標準**：不同儲存庫的數量；**開始**：3 個；**目標**：1 個

    — **預估時間**：2-3 週

    — **子任務**：

        — 創建一個新的儲存庫。

        — 對於每個儲存庫，將之加入新的儲存庫，使用 git 子模組。

- 建置一個包含所有必要套件的 Docker 映像。

  — **衡量標準**：使用新 Docker 映像的環境數；**開始**：0 個；**目標**：5 個

  — **預估時間**：1-2 週

  — **子任務**：

    — 在每個環境中測試這個 Docker 映像。

- 透過持續整合為 monorepo 啟用 linting。

  — **衡量標準**：linter 警告次數；**開始**：約 15,000 次；**目標**：0 次

  — **預估時間**：1-1.5 個月

  — **子任務**：

    — 挑選一個 linter 和相應的組態。

    — 將 linter 加到持續整合的過程中。

    — 使用 linter 來識別程式碼中的邏輯問題（未定義變數、語法錯誤等）。

- 在所有環境中安裝並推行 Python 2.7.1。

  — **衡量標準**：在 Python 2.7.1 上使用新的 *requirements.txt* 檔案執行的任務數；**開始**：0 個；**目標**：158 個

  — **預估時間**：2-2.5 個月

  — **子任務**：

    — 為每個儲存庫找出測試；判斷哪些測試是可靠的。

    — 在低風險指令稿的某個子集上使用 Python 2.7。

    — 將 Python 2.7 推行到所有指令稿。

如果您使用專案管理軟體（如 Trello 或 JIRA）來追蹤你團隊的專案，我建議為大型里程碑建立一些頂層條目（top-level entries）。雖然重構的一些瑣碎細節可能會在整個開發過程中發生變化，但你在本章中定義的策略性里程碑不太可能發生巨大轉變。

對於各個子任務，你應該考慮為你計畫進行的第一、二個里程碑創建條目。你可以找出你的團隊在整個開發過程中，需要以更有規律的節奏處理的子任務。後面的里程碑更有可能受到早期工作的影響，其各個子任務的具體內容也有可能發生變化。只在你啟動後續里程碑的子任務時，才為它們創建條目。

我們已經完成了理解和全面描述大規模重構所涉及的工作所需的前期作業，並成功地制定了一個執行計畫，我們相信這個計畫將帶領我們順利到達終點線。現在，我們需要從我們的主管（和其他重要的利害關係者）那裡獲得必要的支持，以支援重構，然後我們才能充滿信心地向前邁進。

第五章

獲得支持

升上高中三年級時，我決定我應該擁有一支手機。我的朋友幾乎每個人都有手機，而且他們也不再願意在我每次必須向父母報告行蹤時，借手機讓我打電話。每條簡訊的費用大概是 10 美分，而每次通話又要花費他們寶貴的時間，幾個月下來，我已掏出好幾角好幾分錢給近半數的朋友。無論走到哪裡，都得帶著整個口袋的零錢，希望能借到別人的手機，這已經不是我想要的生活了。

因為我的父母並不贊成他們的女兒有手機，所以說服他們買一支手機是一場艱苦的戰鬥。「別人都有」這個理由並不足夠。我的父母要求一套強有力的論述，而且必須有證據支持。所以，我湊出了一些。我以「擁有手機比較安全」的論據擬定了一個論點。最近我拿到了駕照，緊急情況下我必須有辦法打電話給別人才行。我算出了我每週花在開車上的時間的一個粗略估計值，以使這個論點更有份量。接著，我比較了不同手機型號和方案的費用，將這些費用與我在過去六個月裡付出給朋友的錢進行比較。我最近開始建置網站，以兼職賺點錢，我知道我有能力買一支基本的掀蓋手機，並支付每月的帳單。

對於我的論點，父母說他們並不認為那是必需品。我可以在離家時借用我媽的手機。但在指出我每週要花三到四個小時開車接送自己和小弟後，他們發覺這也許不是一件奢侈品。他們充分被說服，認為擁有一部手機的便利性超過了它的成本。幾天後，我得到了一支二手的掀蓋手機，並有了自己的電話號碼。

今天，當我要說服別人開始某個重構專案的好處時，這個經驗對我很有用。我最常聽到工程師同事抱怨的事情之一就是，他們有強烈的重構某個東西的願望，但他們根本不知道如何說服別人讓他們去做。他們花了時間確定該問題會出現的情境，找到證據和衡量標準來描述問題的特徵，以便更好地理解它，並精心制定了解決它的計畫。他們堅信該問題需要被解決，並對自己的解決方案感到欣喜若狂，但在向經理或技術主管提出自己的想法時，卻遭到了質疑。

本章一開始會解釋為什麼你的經理可能不贊成，並幫助你理解他們的觀點，以便你能想出一個令人信服的論點。接著，我們將介紹一些不同的方法，你能藉以爭取你管理團隊的支持，並提供一些具體的策略來讓他們團結起來支援你。最後，我們將探討支持（buy-in）的一些形式，以及這些形式會如何影響你的執行計畫和你最終組建的團隊。

為何你的經理不認同

你的經理可能會因為幾種不同的原因而對大型重構猶豫不決（或直接反對）。首先，他們通常與程式碼脫節，不太可能深入瞭解程式碼的痛點。第二，他們績效的評量標準是他們的團隊能否按時推出有效的產品功能。第三，與大規模重構相關的最壞情況，通常比與新產品功能相關的最壞情況要嚴重得多。最後，大規模的重構通常需要與直屬團隊以外的利害關係者進行更多的協調。

經理沒在寫程式了

大多數的工程經理很少寫程式，也幾乎不參與程式碼審查（code reviews）。事實上，在新公司直接被聘為管理職位的人，甚至可能從未見過他們團隊開發的程式碼。因為你的經理並不熟悉你和你的團隊在開發過程中經常遇到的問題，所以他們對你的提案抱持懷疑態度也就不足為奇了。想像一下，你試著向一起晚餐的客人解釋為何你想把家裡所有搖搖欲墜的門把都換掉，他們也許能從邏輯上理解這種挫折感，但他們無法體會這種門把在日常生活中帶來的煩躁程度。

也許你的經理明白你的重構所要改善的困難點，但他們卻看不出為什麼現在就要解決這些問題。畢竟，如果這些問題不是新出現的，那麼公司一定從以前開始就一直控制得不錯（而且還持續控制中）。你的經理正在權衡構建新東西與修復一系列既有問題的潛在好處。

經理的績效是以其他方式評估

經理人的績效評估方式，通常是依據他們團隊在最後期限內達成任務和協助實現業務目標的能力。這些目標往往包括開發有助於留住和獲取更多使用者的功能，或者開闢新的收入來源。因為經理們有這些誘因存在，他們更有可能優先考慮那些衝擊對工作量比（impact-to-effort ratio）高的工作，也就是那些工作量相對低，但提供高衝擊的工作。經理們也更有可能設定比較激進的最後期限，希望能更快地將這些變更提供給客戶使用。

這些目標有時會與團隊中工程師的目標相衝突。工程師傾向於尋找能夠解決有趣問題的專案，並且經常優先考慮建置更強大的解決方案，而非能快速出貨的解決方案（並非所有的工程師都落入這種模式，但根據我的經驗，這總結了不少工程師的狀況）。大規模的重構，雖然對你和你隊友而言可能是一項有意義、有價值的努力，但在你經理的潛在專案清單中，卻處於最底層。規模化的重構通常是漫長的，而且因為要刻意讓使用者感受不到，所以對業務幾乎沒有直接的正面影響。如果你的經理想往上爬（或者他們擔心即將到來的稽查），他們可能就不會那麼急於支持你的計畫。

即使你的經理確信重構是值得的，他們給你首肯之時，也可能是冒著失去良好的聲譽的風險。就像你的經理是根據你團隊建設和按時交付能力來評估績效一樣，他們自己的主管同樣也是依據他們組織對業務的影響來評估的。你的經理可能很難說服他們的經理，讓他們相信重構是工程時間和資源的寶貴投資。

經理看到了風險

功能開發出錯的方式有很多種。你的團隊可能會遇到一些障礙，並且比最初所預期的晚了一點出貨，或是新功能到了用戶手中沒錯，但卻發現了大量討厭的臭蟲。然而，在新功能的開發過程中發生災難性故障的可能性相對較低，因為新功能往往範圍相對明確，邊界也相對清楚。

執行大規模重構時，風險可要**大得多**。團隊要冒著在龐大表面積上引入衰退的風險，而且發生災難性故障的可能性也並非那麼微不足道。解開並分析老舊、殘缺的程式碼時，你的團隊有更大的機會發現意想不到的臭蟲，在試圖修復這些臭蟲的過程中，被一頭拉進兔子洞的風險會大大延誤你的最後期限。我們在第 1 章中指出的每一個風險，對你的經理來說都是觸目驚心的。

經理需要進行協調

大多數公司組織工程團隊的方式都是以他們產品（或多個產品）的個別部分為中心。假設你在一個叫 RadTunes 的音樂串流媒體應用中作業。RadTunes 可能會有一個團隊負責播放清單的創建，而另一個團隊負責管理搜索。RadTunes 可能有一個團隊負責創建播放清單，另一個團隊負責管理搜索。當團隊開始構建一個新的功能，通常會在它所擁有的源碼庫的一個區域內運作。如果搜索團隊建立一個新的功能，允許用戶創建協同播放清單，這將是令人訝異的，更明顯的選擇是由播放清單團隊來做才對。

現在想像一下，你是播放清單團隊的一員，團隊正在為歌曲的物件模型而苦惱。你已經想出了一個改善計畫，但這涉及到修改公司幾乎每個團隊都會經常用到的程式碼。你和你的經理需要在一開始就與這每個團隊進行協調，以尋求支持，並在整個重構過程中繼續協調，以確保每個人都朝著一致的目標邁進。向你的經理推銷你的重構時，他們看到的是，在整個專案期間，需要組織協調每個人的龐大工作量。他們可能會對是否支持它而感到猶豫不決，這很正常。

支持可能的樣貌

在我們開始討論說服經理人的策略之前，我們必須瞭解支持（buy-in）在實務上是什麼樣子的。支持是有程度的，分佈在頻譜兩端之間。管理階層可以完全接受，也可以完全不接受，或者介於其間的任何位置上。大多數情況下，它最終會落在中間的某個地方。推進大規模重構的決定通常歸結為兩個問題：

現在是適合重構的時機嗎？

就開發時間而言，大規模重構可能是一項昂貴的投資。因為它們的成本可能相當高（而且我們要確定拿得到足夠的時間來完成專案），所以我們必須確定啟動重構的時間點對公司來說是正確的時機。這意味著要考慮到正在進行的任何項目的完成時間，以及公司（特別是你的團隊）打算在即將到來的季度中出貨的專案。

在向你的經理推銷你的專案之前，先弄清楚你認為團隊應該在什麼時候開始重構的工作，以及那是最佳時機的理由。例如，現在是資助這個專案的合適時機嗎？因為重構所要解決的問題尚未到達無可挽回的臨界點，讓你的團隊有充足的時間去實作一個理想的解決方案？又或者說，現在是執行重構的正確時機，因為現在重構可以極大地幫助團隊完成即將到來的專案。這每一個考量都將成為尋求你的經理人支持時，有所助益的背景資訊。

應該為其分配多少資源（通常是就工程師數量而言）？

在資源配置方面，重構也是一項昂貴的投資。根據你從經理那裡得到的支持程度，你可能可以，也可能無法建立出一個理想的團隊，這一點我們將在第 6 章中更詳細瞭解。請注意，資源的配置會直接受到你預計開始重構的時間之影響，反過來也是。

本章假設你的經理在你試圖推動的重構的各方面都抱持反對的態度。然而，如果你的經理有部分同意，而你正在尋求更多的支持，你可以使用這裡所描述的任何技巧來輕推你的經理人，讓他們朝著對的方向前進。

提出令人信服的論點之策略

現在我們明白為什麼我們的經理可能會不同意了，我們可以專注於一些有用的策略，以減輕他們的恐懼，並構建一個強大的案例來說服他們，重構是值得的。本節假設你已經和你的經理就你們的專案進行了初步的調查性談話。如果你還沒有進行這種對話，後面的「初始對談」會是很好的起點。這次談話很重要，原因有二。首先，它可以幫助你瞭解哪些要素對你的經理來說是最重要的。第二，它讓你瞭解你的經理是否更容易被情緒化或邏輯化的論點所說服。這次談話將為你提供初步的背景，幫助你選出最有效的策略來說服你的經理。

初始對談

與其用你到目前為止收集到的所有資訊來壓迫你的經理，不如考慮先徵求他們的意見。這可以很簡單，就像在你的一對一談話中的開場白一樣：「我一直在思考 X 是如何影響我們做 Y 的能力，而我想知道你對此是否有任何想法」。透過徵求他們的意見，你就是在向你的經理表明，你很重視他們的觀點。你正在給他們一個重要的機會，讓他們對你坦誠相待。

如果你的經理熟悉這個問題，你可以通過對話來儘早判斷他們是否會支持重構。如果你的經理聽起來對重構猶豫不決，你可以利用你所瞭解到的、他們作為經理的觀點，嘗試確定出他們最關心的問題。

如果你的經理不熟悉這個問題，給他們一個不帶偏見的基本概述。一名好的經理會設法瞭解你擔心的原因，並詢問他們需要得到回答的問題，以便正確地描述出問題的特徵。

在這次談話中，花時間傾聽絕對是至關重要的。我們有太多人把時間花在思考下一步要說什麼上，而不是真正努力去瞭解別人說的話。在你的談話中做下筆記，這些可以是記在心上的，也可以是寫成書面的，只要選擇最適合你的媒介就可以了（我很容易快速淡忘面對面的談話內容，所以把所有的事情都寫下來對我而言很重要）。

考慮提出問題，而非做出反駁。例如，不要說：「因為 X 的原因，那是行不通的」，而是考慮問說：「你考慮過 X 嗎？」，或者「你對 X 有什麼計畫？」，這持續向你的經理表明，你更關心他們的觀點，並提供一個機會，歡迎他們做出回應，而不是要向他們證明你所關心的點是對的。

 我建議當面或透過視訊會議來進行這種對話，而不是藉由電子郵件或聊天訊息。當你試圖評估經理對這項潛在重構工作的態度，他們的臉部表情和整體語調非常重要。

一旦你和你的經理進行了最初的談話，你就可以把焦點放在你可能會想要使用的說服技巧。我們將在此概述四種簡單而獨特的技巧，但要知道，這並不是一份詳盡的清單。不同的策略適用於不同的經理，效果取決於最能激勵他們的是什麼（例如，他們在公司的

往上爬的成長軌跡），或是他們對重構的反對程度（例如，他們普遍同意問題的存在，但不相信那應該馬上解決）。最終，促使經理同意的最有效方法是綜合使用各種技巧：選擇那些你認為影響最大、使用起來最自在的技巧。如果你有自信並做好充分的準備，你可能就會得到你一直在尋求的「我支持」。

善用說話技巧

我們的一些同事可以走進一個滿是頑固工程師的會議，並在半小時內說服所有人接納他們的意見。遺憾的是，我並非其中之一。如果你也不是這樣的人，不用擔心！有一些簡單（且真誠）的對話技巧，我們可以用來更有說服力地表達自己的觀點。

讚美他們的思路

我們中很少有人對奉承有免疫力，包括你的經理。如果在你們的談話中，你和你的經理在某些方面達成了共識，就用讚美來強調它。例如，你和你的經理一致認為重構是有益的，但你的經理更希望在六個月後再重新評估。你可以這樣說來將焦點轉移到重構的好處上：「你對重構的潛在好處提出了一些非常好的觀點。顯然，你對我們所遭遇的問題有著細緻入微的理解」。你的經理將會想到他們所點出的好處，並傾向於賦予它們更多權重，勝過於潛在缺點的風險。

提出相反論點

你不僅要為經理的任何反駁做好準備，甚至可以考慮為他們提出反對的理由。這聽起來可能有點奇怪，但一些心理學研究表明，雙面論證比單面論證更有說服力。直接提出反論有幾個好處：

- 藉由向你的經理證明你已經認真考慮了大規模重構的缺點，你進一步證明了你的深思熟慮和對此工作的全面準備。

- 你在重申你的經理的擔憂，雖然你可能不會直截了當地誇獎他們推理出大規模重構缺點的能力，但你認同他們的憂慮是合理的。如果你的經理覺得自己的想法得到了充分的理解，他們會更願意去聽取你的想法。

現在，從對你有利的方向運用反論點的訣竅是，謹慎地駁斥它們。讓我們回到我們 RadTunes 的例子，也就是第 100 頁的「經理需要進行協調」一節。你的經理正計畫讓播放清單團隊在即將到來的季度中花費大部分時間建立協同播放清單。你建議團隊在啟動新功能的開發之前，投入寶貴的時間改寫應用程式表示歌曲方式。

你可以告訴你的經理：「如果我們在下個季度開始重構歌曲的表示法，我們將不得不把協同播放清單的工作推遲幾個月。這肯定會讓我們的客戶感到失望，因為他們在過去幾年裡一直在要求提供這項功能」。你可以藉由立即提出反駁來解決這個議題：「然而，我有信心，如果我們改寫我們的歌曲實作，我們將能為協同播放清單減少幾個星期的開發時間，並讓搜索團隊能按類型提供更好的搜尋結果」。

你甚至可以帶出你的經理尚未提到的反論點，或者你懷疑他們根本不會提出的反論點。這聽起來適得其反，但它會提高你的可信度，並加強你的立場，如果你有成功地擊倒了反論點的話。

 雖然這不是通常會在程式設計師的書架上找到的書，但我強烈建議你買一本 Dale Carnegie 的《How to Win Friends and Influence People》。這本書出版於 80 多年前，但它大部分的教誨至今仍然適用。它教導的技能不僅在為你的專案爭取支持時會有幫助，在你生活的各個面向都會有用！

建立三明治結盟

如果你對玩弄辦公室政治以謀取自身利益不感興趣，那完全沒問題，歡迎你跳到後面的「衡量標準（Metrics）」一節。另一方面，如果你有興趣利用組織的環境來為自己謀取利益，你可以運用一些槓桿來有效迫使你的經理同意進行大規模的重構。你可以建立一個三明治結盟（alignment sandwich），確保你團隊成員的支持以及上層管理人員的支持，將你的經理夾在兩者之間。

只有當你在三明治的兩邊都得到充分的支持時，這種方法才會奏效。如果你的經理只感受到來自團隊的壓力，那麼他們仍然會站在堅實的基礎上拒絕重構，因為他們知道上級幾乎不會有什麼責難（如果會有的話）。如果你的經理只感覺到來自上級的壓力，而你的團隊卻沒有聲援（或者更糟糕的是，你的團隊支持反對方），那麼他們就不太可能繼續推進專案，因為他們知道這有傷害團隊士氣的風險。

要知道，這種策略可能會適得其反。鑒於你們之前的對話，你的經理知道你有興趣追求這項重構。如果上層管理人員或公司其他有影響力的個人就推進重構的議題與他們接觸，他們有可能會將兩者聯想在一起，推斷出你一直在尋求外部影響。如果你和經理的關係很脆弱，這可能會導致一些抵制。無論你與經理的關係強度如何，都可以試著與他們坦誠相待，告訴他們你曾尋求過外部意見，然後，不要讓這些盟友直接聯繫你的經理，而是考慮安排你們三方的會議，討論你們的觀點。

召集你的隊友

在向上級管理階層提起你的重構之前，你應該花時間和你的團隊成員達成共識。很有可能，你在之前的調查階段（收集指標來描述問題的特徵，起草執行計畫）可能已經和一些隊友討論過重構的各個面向，以收集他們的回饋意見。對於那些尚未初步瞭解你的思路的隊友，花點時間向他們說明。這不一定得是什麼正式的會議，給他們發個訊息或者請他們喝杯咖啡聊聊就可以了。

你終極目標是，讓他們在你經理有出現的公開場合（會議、公開聊天、電子郵件），或者在他們自己與你經理一對一的情況下，為你的重構擔保。你可能要與你的團隊夥伴協調，不要讓所有的人都在同一周的一對一會面中提出來，訣竅是讓每個人的興趣看起來都好像是自發的，而非事先準備的。一旦你從隊友那裡獲得了足夠的支持，你就會建立起你的三明治結盟的基礎。

越級

如果你的經理對追求大規模的重構不感興趣，也許你經理的經理（被稱為越級主管）會感興趣。上層管理人員往往對組織的目標以及當前和未來的專案有著廣闊的視野。考慮到這種更廣闊的視角，你的越級主管可能比你的經理更能欣賞一個跨度很大的重構，因為他們更能直觀地看到這種重構的好處所在。

 有些公司有嚴格的等級制度，直接去找你的越級主管會被視為一種巨大的過失。在與你經理的經理預約時間之前，要注意與對方的談話會被如何解讀。至少，要留意別在你們會面期間批評你的經理，而把焦點放在建立對你重構的興趣和共識。

如果你與你的越級主管之前就認識，而且你有理由相信他們會支持你的努力，就安排與他們會面。你們的初次談話應該與你與經理的談話類似（參見第 102 頁的「初始對談」）。這種交流應該有助於你判斷你的越級主管是否有可能支持你的重構建議。如果你發現他們並非強而有力的支持者，那麼你就要尋求公司裡其他有影響力之人的支持，作為你結盟三明治中最上層的那片麵包。然而，如果他們看起來很支持，那就安排第二次會議。你可以討論你執行計畫的細節，對你需要的資源達成共識，並看看他們如何幫助你獲得你經理的批准。

無論你的重構志向為何，與你的越級主管建立牢固的關係都是非常有益的。事實上，我強烈建議，如果可能的話，每季度（甚至每個月）舉行一次與你越級主管的一對一會談。如果你想拓展你作為工程師的影響力，上層管理人員可以是寶貴的資源，如果你想在所屬組織中領導一個有效的專案以培養你的技能，他們將能為你找出合適的專案。如果你正在尋求指導，他們可以將你與公司的其他資深工程師聯繫起來。與你的越級主管建立關係也可以幫助你在與直屬經理的關係中渡過難關，如果有那種情形出現的話。

部門

在每家公司裡，通常都有少數幾個部門對業務有可觀的影響力。需要他們的意見時，他們的決定就會是最終的定論，無論是決定如何設計一項新功能、一個新的流程應該如何運作，還是哪個臭蟲應該解決。在很多行業（金融服務業界、醫療保健、人力資源）中，那會是法令遵循部門（legal and compliance department）。如果你已經在目前的公司工作了幾個月，你很可能有印象那是哪個部門了。如果你不太確定，可以問問你的同事，他們可能會有一兩個故事講述這種安全部門如何參與突發事件，或銷售團隊對新功能提出的意見。

在某些情況下（不是全部），這些部門可能對你的重構有既得利益。以前面「工作上」一節中，我們的生物技術公司 Smart DNA 的法令遵循團隊為例。在所有考量之前，該團隊必須負責確保其客戶定序後的 DNA 在任何時候都是安全的。公司的大部分系統都使用過時的 Python 版本，可能是他們要關注的一個領域，因為安全性補丁都無法再套用。如果 Smart DNA 的研究團隊一直不支持更新他們的 Python 依存關係，軟體團隊可以聯繫公司的法令遵循團隊，並列舉出執行不受支援的 Python 版本可能產生安全漏洞的多種方式。法令遵循團隊就會給負責的工程經理施加壓力，讓他們優先考慮遷移，為軟體團隊提供完成三明治的頂層麵包。

挖掘有影響力的工程師

每家公司都有少數幾個具有高度影響力的工程師，這些工程師可能是你們技術人員中極其資深的成員（例如主工程師或傑出工程師），或已經在公司工作了相當長的時間，或者，在某些情況下，兩者兼具。他們中有許多人，即使不是絕大部分，仍然實際參與程式碼的編寫工作。如果他們熟悉你想要改進的部分，他們不僅能立即意會你的重構所要解決的問題，而且他們還能為你手上的計畫提供寶貴的見解。確保他們的支持對於說服

經理你的努力值得，是至關重要的。在某些公司，資深工程師的批准是最有效力的。如果你能爭取到他們贊同，你的結盟三明治就會有一個堅實的頂層。

如果你能爭取到有影響力的多個上層支持（你的越級主管、關鍵業務部門、極具影響力的工程師），那就更好了。你的結盟三明治不需要完美的平衡，增添一點上層壓力只會讓這個方法更強大。

獎勵重構

如果你與管理階層（中層管理人員和高層管理人員）有健康的關係，並且你想確保重構和其他軟體維護工作在你的公司被優先考慮，你可以利用這些關係來建立獎勵它的系統。在個人貢獻者層面，不應該告訴工程師重構等同於自毀職涯，取而代之，應與工程晉升委員會和人力資源部門合作，將程式碼維護納入績效（並鼓勵那麼做）。在管理層面，任何經理人員，不管他們在組織階層中的地位如何，都不應該誘導出一種傾向於產生技術債的文化。有些公司透過要求經理人將維護工作納入季度規劃，甚至不惜在管理階層的職業階梯上強調程式碼品質和維護的重要性，藉此成功減少技術債。畢竟，管理不僅限於確保你的團隊效率高、合作愉快、按時交付高品質的功能，還需要推動維護和改善現有程式碼的幕後工作，使其不斷擴展以適應瞬息萬變的環境。

仰賴證據

如果你的經理不是那麼重視邏輯論證，那麼你應該利用你在第 3 章中收集到的證據來加強你的立場。與你的經理安排一些時間繼續你們最初的對話。告訴他們，你已經對重構進行了更多的思考，也花了時間來描述問題的特徵，如此他們可能會更好地理解它的價值（希望還有它的急迫性）。

在會議之前，準備好你的證據。如果你已經收集了大量的證據，就把重點放在兩三個最驚人的發現上。有些指標更適合以視覺化的形式傳達，所以可以考慮放上一兩張圖，以更好地說明你想強調的重點。花時間把這些資訊綜合到你的經理容易消化吸收的媒介中，是有幫助的，原因有幾個：首先，這將為你提供一份全面的概括文件，你可以把它分發給公司其他感興趣的人。這在爭取跨職能的支持或招募團隊成員時會很有用，我們將在第 6 章中介紹。其次，你會有一些能在會議期間參考的東西。就我們這些對自己說服他人的能力沒有自信的人來說，有一套明確的重點主題，你可以在整個討論中參考，這可以使所有的事情都變得不同。

對於那些比較膽小，尚未建立起必要的社會資本，無法依靠有影響力的同事或與經理硬碰硬的工程師來說，我建議盡量仰賴奠基於指標的論點。事實很容易準備，很容易記憶，而且通常很難反駁。

打硬仗

如果你非常自信你的重構對業務至關重要，而你的經理又不願意讓步，你可以考慮一些更嚴厲的選項。提出這些嚴厲的方案通常被稱為「打硬仗（playing hardball）」。需要提醒的是：這兩種方法都會嚴重危害你與經理或同事的關係。然而，如果成功的話，它們會非常有效，而且，如果你的重構被證明是值得的（鑒於你正在閱讀本書，這是必然的），還能大力推動你的生涯發展。

需要注意的是，並不是每個人都有夠強大的立足點（無論是在當前公司的角色還是經濟上）與經理硬碰硬，這也沒關係！你需要在目前的崗位上建立起相當大的影響力，並擁有長期的良好表現，才能展開這種行動。

在我們深入研究之前，最後一點要注意：對於這兩種策略，你必須願意貫徹執行。如果你的經理認為你在虛張聲勢，仍然不服氣，這不僅有可能侵蝕你們的關係，還會削弱你在另一個重要專案出現時，成功採取類似方法的能力。

別再做沒有回報的維護工作

當某些東西需要進行大規模重構時，通常意味著幕後有大量不可忽略的工作在進行，以維持事物的運轉。管理階層通常不會注意到那些工作，或者，即使知道，他們也沒有意識到其重要性。如果你正積極且持續地尋求方法以緩解你的重構旨在解決的問題，你可以警告你的經理，你不再計畫做這項工作。這背後的想法是停止做任何被無視的工作，這些工作阻礙了你公司的管理階層看到你的重構想要解決的問題。

以我們在 SmartDNA 的 Python 遷移工作為例。在 Python 2.7 推行到所有環境之前，每當有安全補丁出現時，你的團隊都得花費寶貴的時間將補丁移植到過時的 Python 2.6 系統上。因為安全補丁是無法預知的，所以只要發現新的安全漏洞，你的團隊就不得不暫停所有的功能開發工作，將精力投入到補丁的移植上。這種維護工作極為耗時，風險也很高，但在那種情況下是必要的。不幸的是，管理層不願意承認這種執行過時軟體的營運成本。

在這種情況下，你可以向你的經理施加壓力，指出團隊將不再於任何新的安全補丁推出時移植它們，要求優先進行 Python 的升級工作。告訴你的經理，你正在努力為團隊設定適當的界線：鑒於你的團隊主要專注於功能的開發，你可以主張支援研究團隊執行的舊有軟體，嚴格來說並非自己的責任範圍。如果在你的季度或年度的計劃過程中，你的經理沒有適當地交代定期移植新補丁所涉及的工作，你就要特別強調這一點。

是的，你是在劃清界限。你甚至可能會因為不再做重要的維護工作而感到內疚（大多數開發人員認為這是他們工作的關鍵部分）。這完全是正常的。我以前也曾提出過這種觀點，也擔心過自己不負責任，讓公司失望了。我逐漸意識到的是，藉由堅持自己的立場，我所做的恰恰相反，我是在向企業展示它的重要盲點位於何處，以及這個盲點的意義。透過重新定義你經理的期望，你強調出了若不進行大幅的重構，要保持系統的正確運作，所涉及的工作量會有多麼可觀。

下達最後通牒

如果其他手段都失敗了，你可以向你的經理表明，如果他們繼續反對重構，你要麼調到其他團隊，要麼直接離開公司。如果你想留在同一家公司，而且有辦法調換團隊，那麼在向你的經理提出這點之前，先找出你有興趣加入的團隊，更好的辦法是，試著在同一家公司找到願意支持重構，並且有興趣讓你加入他們團隊的經理。如果更換團隊不在考慮範圍內，你可能會威脅要辭職。你應該深思熟慮這個決定，並在跟經理這麼說之前，認真審視自己是否有必要的財務穩定性。

這是個不容易和你的經理進行的對話。首先，指出你擔心公司沒有更認真地看待你所發現的問題。如果你的經理急於讓你留在他們的團隊中，他們可能會重新評估，並允許重構進行。

支持形塑了重構

儘管支持的爭取與確保是在一行程式碼都還沒編寫之前就發生的事情，但那可能是大規模重構最困難的面向之一。經理們可能會對啟動一個漫長的、以工程為重點的工作有所顧慮，這是有充分理由的，他們在工程組織內有自己的一套約束和獎勵機制。儘管如此，我們每個人都有能力學習和掌握技巧來說服他們，雖然有所疑慮，但努力是值得的。我們會發現如何有效地依靠我們的隊友和更廣泛的組織中的同事，為我們提供所需的額外支援。

塵埃落定後，取決於你獲得的支持程度，你可能會也可能不會執行你的重構。如果你的經理仍然抱持懷疑態度，可以考慮暫時擱置這個專案。你可以繼續累積支持性的證據，等待更合適的時機重新提出這個話題。例如，如果你的公司遭受了你的重構試圖解決的問題所引發的事故，這可能是與你的經理重啟對話的好時機。下次，當你的團隊進入長期規劃階段，就可以考慮再次提出你的重構計畫。留心觀察和傾聽，尋找可以讓你的重構再見光明的任何機會。

如果你已經獲得了支持，不管是熱情的同意還是冷淡的點頭，你都需要利用這種支援為你的專案爭取資源。你得判斷要為重構提供最大的成功機會，哪些工程師是必要的，以及哪些階段會需要他們的專業知識。我們將在第 6 章中討論你需要知道的一切以做出這些決定。

建立適合的團隊

Ocean's 11（中譯「**瞞天過海**」）是一部會出現在大家最愛名單上的盜竊電影。它以 Danny Ocean 出獄為開端。他和他的犯罪夥伴兼朋友 Rusty Ryan 見面，提出了一個竊盜計畫，打算從拉斯維加斯的三家賭場：Bellagio、Mirage 和 MGM Grand 偷取 150,000,000 美元。這兩名竊賊知道他們無法單獨完成這次偷竊，所以他們開始召集一群罪犯，包括一名賭場前老闆、一名扒手、一名詐欺犯、一名電子學和監控專家、一名爆裂物專家，以及一名雜技演員。

隊員們分成兩組：第一組瞭解 Bellagio 賭場的來龍去脈，學習工作人員的日常作業，收集該賭場運作的細節；第二組建造了賭場金庫的一個複製品，以練習如何穿越其具有挑戰性的安全系統。幾天之內，該小組就制定出了一個計畫。高難度的動作接踵而至，障礙被躲過（劇透警報！）團隊最終帶著現金逃跑。

Ocean 和 Ryan 不可能獨自盜竊 Bellagio 賭場。他們不僅需要幾個月的時間來收集準備偷竊所需的財源，而且也不可能只靠他們兩人就拼湊出合理的計畫來繞過賭場的防衛措施。藉由籌組一個規模剛好、技能適切的團隊，他們縮短了執行時間，**並且**提升了成功的幾率。

為了成功地執行大型重構工作，我們需要我們自己的 Ocean's 11 團隊。Danny 被關在新澤西州的時候，花了幾個月的時間反覆推算他的竊盜計畫，從他的藍圖，他推導出了他所需的技能和專業知識清單，並列出具有這些能力的潛在候選人之姓名。在本章中，我們將學習如何組建不同類型的團隊，依據我們需要什麼樣的專業知識才能最有效地執行我們的重構工作。作為技術負責人，我們將學習如何縮小潛在團隊成員的名單，並說服他們加入我們的旅程。最後，我們將討論如何在需要獨自執行專案這種不幸的情況下做出最佳成果。

找出不同類型的專家

在第 4 章中，我們學會了如何起草一份有效的行動計畫。我們學會了如何用幾個簡明扼要的頂層里程碑和數個關鍵子任務來捕捉並綜合重構工作的重要複雜性。

因為我們大多數人都是和其他幾個工程師在一個團隊中工作，所以我們的計畫很有可能是合作得出的，而且打算以團隊的形式來執行。然而，執行一個大規模的重構時，我們幾乎總是需要公司不同團隊的同事的一些幫助。另一方面，有些時候，我們會獨自或與其他一兩個工程師一起制定重構計畫。不管是哪種情況，我們都可以利用我們的計畫精確推算出我們需要哪些工程師以及何時會需要。

我們可以先重新閱讀我們的計畫。看過每一步時，我們就試著在腦海中想像需要與之互動的程式碼。我們能輕易地把它想像出來嗎？我們能自信地找出需要做出的改變，並推理出這些改變的潛在影響或下游效應（downstream effects）嗎？我們是否瞭解在源碼庫特定區域可能遭遇的陷阱？我們是否瞭解我們要做的變更對產品的潛在影響？我們是否對我們將直接或間接互動的技術非常熟悉？如果是，那就太好了！我們很可能處於極佳的位置，能夠自行做出那些改變。如果不是，那麼我們就需要別人的協助。我們可以透過兩種方式尋求別人的幫忙，一是作為活躍的貢獻者，二是作為主題專家。

活躍的貢獻者（*active contributor*）積極參與專案，理想上從第一天就開始。他們和你一起編寫程式碼，持續為專案做出貢獻。專案執行計畫的早期階段和每次改版時，都應徵求活躍貢獻者的意見。

主題專家（*subject matter experts*），或者簡稱 SMEs，不是你專案的積極貢獻者。他們同意和你一起討論解決方案，回答問題，也許還可以做一些程式碼審查。雖然他們的貢獻可能是非常有意義的，但他們對專案的投入時間並不多。他們主要關注的仍然還是你的專案之外的其他專案。

讓我們透過一個範例專案來使這一點更加具體。你公司的監控和觀測性（monitoring and observability）團隊正在從一個指標收集系統（metrics-collection system）遷移到另一個系統（可能是從 StatsD 到 Prometheus）。他們已經建立了基礎設施、配置了一些節點，現在已經準備好開始接受來自你的應用程式的流量。此團隊需要一兩名對應用程式如何使用 StatsD 非常熟悉的開發人員來幫忙遷移過程。作為這些人中的一員，你已決定伸出援手，編寫一個新的內部程式庫來與新的解決方案介接，最終取代目前的程式庫。你需要確保 Prometheus 的程式庫提供與當前程式庫同等的功能，以及一個乾淨、直觀的 API。你最終的任務是建立使用新程式庫的最佳實務做法，並鼓勵整個工程組織採用它。

你不需要對新的指標收集系統的運作方式有深入的瞭解就能熟練地完成你的工作。你可以在必要時依靠監控團隊，如果他們注意到與你應用程式的整合過程中有什麼奇怪的地方，他們也能仰賴你。在這個例子中，你是與監控團隊合作的一名活躍貢獻者。

在審核 StatsD 程式庫的使用情況時，你注意到另一個產品開發團隊使用 StatsD 程式庫的方式與其他多數團隊不同。你想瞭解為什麼該團隊會以這種方式使用此程式庫，以及是否絕對得在新系統中複製這種行為。如果這種行為是必要的，你必須確保 Prometheus 能夠適應它。你聯繫了團隊中的幾個人，看看他們是否有時間回答你的問題。有一名團隊成員，我們稱他為 Frankie，急切地同意與你見面。經過快速的交談，你們得出的結論是，新的 Prometheus 程式庫應該支援這種行為，Frankie 也同意在你們建構功能時審查你們的程式碼。在這種情況下，Frankie 就是一名 SME。

你可能需要多種類型的專業知識來成功執行你的重構工作。以我們的指標收集系統為例，我們需要監控團隊在 StatsD 和 Prometheus 方面的技術專長，Frankie 在特定用例方面的產品專長，以及我們自己對於源碼庫整體如何使用指標收集程式庫方面的專長。我們甚至可能要諮詢安全團隊的人，以確認沒有敏感的客戶資料最終流經新系統（如果有，我們也設置好措施迅速控制它）。

在列舉你可能需要的每一種專業知識時，記得設下範圍。大規模重構通常會影響到很大的表面積，所以如果你最終得到一份很長的清單也不足為奇。別擔心，接下來我們將學習如何縮小清單。

媒合

現在，我們已經成功地起草了一份清單，列出了我們在執行重構工作時需要的各類專家，對於我們的指標收集重構，我們需要一名技術專家、一名產品專家，最後是一名安全專家。在每一名專家旁邊，我們都標明了需要該專家的主要專案里程碑。若在多個里程碑中都需要該名專家，那麼只需注明最早需要協助的那個里程碑。在開始對潛在的專家進行腦力激盪之前的最後一步是，標明我們是要 SME 或活躍的貢獻者來處理每一項專長。我們現在可以先把這個標示出來，因為當我們與潛在的候選人會面並確定他們在專案中的參與程度時，我們預期專家扮演的角色可能會有所改變。

最後，我們必須將每項專業與一或多名人員做匹配。從清單的開頭開始，對於每一個項目，寫下你腦海中浮現的個人或團隊的名字。

如果你是在一家大型公司上班，或者還沒有認識不同工程團隊的人，你可能會很難想出具備那些專長的專家。沒關係！你可以先鎖定一個部門。如果你能獲得最新的組織結構圖，試著用它在你鎖定的部門中找到最好的團隊。不要害怕利用你的經理來幫助你產生並隨後縮小這個專家名單。他們的部分工作就是確保團隊擁有高效執行專案所需的全部資源，他們很可能會對整個組織中哪些團隊非常適合提供幫助，有更好的洞察力。

 如果你無法獲得最新的組織結構圖，但你的工程團隊有輪班待命的職責，並使用像 PagerDuty 這樣的服務來提醒工程師注意突發事件，你或許可以參考這些輪班表來找到合適的專家。找出你正在為之尋求專家的功能或基礎設施元件，並找到相應的輪值團隊。這樣就好了！

繼續寫下名字，直到所有的項目都處理完成。表 6-1 顯示了我們為指標收集系統的遷移工作想出的一個範例清單。

表 6-1　專業知識類型和潛在專家的清單

知識領域	里程碑	作用	專家
瞭解訂單履行程式碼如何使用 StatsD（有別於其他大多數產品功能）	1	SME	Frankie、Mackenzie、訂單處理小組。
程式庫和 Prometheus 之間的端到端自動測試	2	活躍貢獻者	Jesse、自動化測試團隊
隨著各團隊開始採用 Prometheus，監測送往 Prometheus 的應用程式流量	3	SME	監控小組
我們的應用程式部署管線將如何影響 Prometheus 節點	1	SME	Jesse、發行和部署小組
收集客戶指標的安全性考量；有安全意識的客戶我們監測時要特別小心	1	SME	產品安全小組

擁有多項技能的專家

接著，突顯標示出現一次以上的名字。在我們的範例集中，並沒有太多的重疊，但我們注意到 Jesse 可能會是五個項目中的兩項之合適人選。你的公司可能有數名資深工程師，他們擁有廣泛的專業知識，對你的重構可能有所助益。與一名恰好是多個相關主題專家的人進行討論，在很多方面都會很有幫助。

首先，這可以幫忙減少完成專案所需協調的總人數。以單一團隊協調一個大型專案就很困難了，更不用說協調涉及多個團隊的多名開發人員的大型專案了。每一名貢獻者不僅要投入工作中並維持相同步調，而且他們還必須適應你團隊的開發流程（例如，每週或每天的站立會議，每月的回顧等）。在每個人都能適應良好並以適當的節奏運作之前，可能需要相當多的時間和精力。

其次，碰巧對專案的多個重要面向都有深刻理解的專家，很可能對這些部分如何協同工作有很強的洞察力。這可能是公司裡很少有其他工程師擁有的寶貴見解。考慮到我們在表 6-1 中的範例專家清單，Jesse 很可能是這些人之一。從我們與他們的談話中，我們知道他們在幾個月的時間裡和發行與部署團隊緊密合作，幫助該團隊為公司的兩個重要服務建立了一個基於百分比的發行系統。我們還知道，在那個專案之後，Jesse 轉到了內部工具團隊，在那裡，他們致力於增進自動化測試環境的可用性。Jesse 只是這些工程師中的一位，他們在公司工作了一段時間，參與了大量的專案，並且對每一個環節如何協同作業有著敏銳的洞察力。

遺憾的是，像 Jesse 這樣的人可能會相當忙碌（也許是因為他們除了領導一些自己的專案外，還要作為 SME 為一些項目提供意見）。如果他們無法定期提供幫助，但你相信他們獨特的知識對重構工作至關重要，那麼可以建議讓他們審查你的執行計畫。我發現他們的意見對驗證我最沒自信的估計時間特別有幫助。如果你正在尋找一位專家積極參與你的專案，他們將能夠推薦另外一兩名專家來替代他們。

若很少有名字（或者根本沒有）重疊，而你所需的專家類型清單又相當長，不用擔心！你仍然可以只用少數幾名足智多謀的人成功執行一個大規模的重構。

重新審視活躍的貢獻者

對我來說，一個好的經驗法則是將活躍貢獻者的數量限制在你過去最適應的團隊規模內。如果你曾在成功堆出產品的六人工程團隊中工作過，那麼就把你的團隊人數限制在六名活躍貢獻者的範圍內。每個人在不同的公司中和不同團隊合作的經驗都會有些不同，你最瞭解你自己和你喜歡的工作條件，所以要採用你知道最有效的方法。大型的重構專案從流程和技術的角度來看，就已經足夠複雜了，不要讓你的團隊成為另一個潛在的曲線球。

如果你的活躍貢獻者名單感覺太長，回顧一下你的清單，看看是否有任何專業技能可以尋求 SME 的幫助。與 SME 協調的成本要低得多，因為他們只是臨時性的諮詢。我們將在第 7 章中介紹一些與 SME 有效溝通的策略。

我們專家名單中的偏見

如果我們碰巧認識某個人可以擔任我們清單上一或多個項目的寶貴專家，我們可能會直接請他們幫忙。很有可能，他們會很樂意幫忙。畢竟，問你認識的人可能是最方便的選擇。如果你們之前合作過，你們就能很快建立起對雙方都有利的節奏，並儘早開始取得一些突出的進展。

然而，直接向同事尋求幫助也有其缺點。軟體工程師不善於估計一項任務需要花費多少時間和精力，這是眾所周知的。這往往是身為軟體工程師所必備的堅定樂觀主義的後果。當某件事情看起來只是個小請求，有時我們的同事可能會有點**太快**答應，而沒有花太多的時間來適當地確認投入程度。他們可能在專案啟動後才意識到，他們已經答應了太多的事情，現在正奮力掙扎著應付那所有的事情（我就曾經是那樣的人，相信我，當我說對太多的事情說「好」，基本上就跟對所有的事情說「不」一樣幫不上忙）。

直接向同事尋求幫助的另一個問題是，你可能會忽略其他更適合該角色的人。我們都有一些必須有意識地努力抵消的偏見。其中之一就是**時近偏誤**（*recency bias*），也就是我們傾向於更快回憶起我們最近看到的事情。如果我們最近聽過某位同事的名字或與他交談過，我們就更有可能將他列為優秀的潛在專家。在我們最終確定專家名單之前，必須注意這種偏見，並花點時間來質疑每位專家是否真的是最適合這份工作的人，還是我們只是碰巧在幾天前的電子郵件上看到他們的名字。如果我們認為可能有某位更具資格的候選人能提供協助，我們應該進行研究，並考慮聯繫團隊而非個人。專家團隊的經理可以讓他們的每名開發人員評估你尋求幫忙的請求，並衡量他們的興趣。優秀的經理會在他們的團隊中找出可以做出有意義的貢獻、同時也會因為對你的重構工作做出貢獻而在可見度和職業發展上獲益最大的那些人。

同樣重要的是，不要把專業知識和資歷混為一談。像 Frankie 這類人可能不是業界經驗最豐富的工程師，也不是在公司任職時間最長的人，但他們在過去幾個月裡做出了重大貢獻，你有信心他們能回答你的問題，並在程式碼審查中提供有價值的見解。有時候，最資深的人可能不是最好的合作者，很多時候，那些開發人員都非常忙於領導自己嚴苛的專案，他們的時間在其他地方更有價值。你的項目也可能是一個很好的機會，讓某些人在他們的直屬團隊之外獲得有價值的曝光率和知名度。重構（尤其是大規模的重構）可能是一項棘手的工作，但對於只有一年（甚至幾個月）經驗的工程師來說，並不是沒辦法做出有意義的貢獻並從中學習。

如果你已經認定某個團隊是很好的一組專家候選人，我建議直接與他們的
經理交談，這樣他們就可以審核你對他們團隊的要求，衡量興趣，並幫助
找出一些潛在的候選人。在從他們的團隊中挑選一兩名專家時，詢問經理
的意見可以幫助你儘量減少你帶入招募過程的偏見。

重構團隊的類型

我們在這一章已經花了不少時間討論組建團隊的問題。但你現有的團隊呢？你們是最適合承擔擬議之重構工作的團隊嗎？為了使自己作為團隊的技術負責人獲得成功，你必須瞭解為什麼你的團隊在你組織的背景之下最適合承擔這個專案。一般來說，承擔大規模重構專案的團隊有三種。

所有者

這種團隊擁有產品特定的一部分，並且主要重構他們所擁有或負責的程式碼。這些程式碼在某些邊界上與其他團隊的程式碼有互動。在這些邊界上，他們必須弄清楚是自行修改，還是與介接程式碼的工程師協調，以進行必要的變更。

例如，假設你工作的公司有三個廣泛的工程小組：開發者生產力、基礎設施和產品工程。你在開發者生產力小組中，負責測試應用程式的程式庫和工具。雖然整個組織的工程師都在編寫更多的單元測試，是很好的事情，但你擔心執行所有這些測試所需的時間已經開始阻礙每個人快速發佈程式碼的能力。考慮到效能，你開始追蹤各個單元測試的時間，收集某些作業（例如設置一個複雜的 mock 狀態）所需時間之衡量標準。你的團隊決定啟動重構，集中精力加快 mock 的設置過程。雖然新版本的基準化分析（benchmarks）顯示出有巨大的改善，但現有的單元測試將需要進行遷移，改用新的設置邏輯，才能從加速中獲益。有兩種主要的方式可以進行遷移：

方案 1：一個團隊遷移所有測試

第一種方案是由你的團隊為大家遷移他們的測試。這種做法有一些明顯的優勢。你的團隊最熟悉如何以最佳方式將測試從舊的 mocking（模擬）邏輯遷移到新的 mocking 邏輯，你清楚哪種類型的測試最適合簡單的遷移、對於較棘手的測試要避免的陷阱，以及如何最大限度地運用新的 mocking 系統以獲得最大的效能增益。你的團隊可能也是最有動力執行遷移的。作為測試框架的所有者，你們已經決定這是首要任務了。你們很可

能已經以減少執行完整測試套件所需的時間為中心，設定一些季度目標了。知道你的績效評估是依據團隊是否達成了這個目標，是非常有動力的事情（尤其是在臨近季末之時）。

從另一方面來說，因為有成千上萬的測試需要遷移，你的團隊可能會開發一種巧妙的方法，利用程式碼修改工具自動遷移一些最簡單的遷移，但這只能讓你完成一小部分。如果你把剩餘的呼叫點（callsites）平均分配給你的團隊，你可能還是得花上幾週的時間進行手動的重複作業，才能把所有的東西都遷移到新系統上。你的團隊也並不十分熟悉這些測試中的每一項實際測試的內容是什麼。儘管我們很想假設這些測試都把當前的 mocking 系統當作一個黑盒子，但我們並非總是能預測這些測試與現有實作的行為有多緊密的耦合。最終我們很有可能需要一些背景來瞭解這些測試想要測試的功能是什麼（以及如何進行），才能讓它們正確使用新的 mocking 系統。

方案 2：各團隊更新自己的測試

第二種選擇是，產品工程團隊自行遷移與他們所擁有的功能相關的測試。採用這種做法，你的團隊就不再需要單獨處理成千上萬的測試。藉由把工作分散到整個工程組織，很有可能會更快體驗到遷移的正面影響。你團隊中的工程師們也不需要擔心如何自行解讀一些比較棘手的測試之工作原理。當每個團隊都負責更新自己的測試，這可更有效地保留測試的預期行為。（作為額外的獎勵，參與這項工作的團隊得到了一個很好的機會，可以批判性地回顧他們目前的測試涵蓋率，甚至可以進行改善，而非只是減去幾秒的執行時間。）

這種做法本身有一些缺點存在。雖然無論你的團隊選擇哪種方案，你都應該為如何以最佳方式升級測試製作說明文件，但採用此做法時，說明文件的初始品質（和及時的更新）就變得更加重要。積極遷移測試的工程師們會非常仰賴你的團隊來回答問題或進行程式碼審查。即使你有一份非常詳盡的常見問題說明文件隨時可用，你可能還是得不止一次地回答相同的幾個問題。

雖然你希望說服夠多的工程師，讓他們相信新系統的效能提升是值得投入努力的，但可能會有一些團隊不願意接受。少數團隊可能會致力於遷移，但最終未能完成遷移，因為構建新功能的優先順序更高。在鼓勵其他團隊參與重構時，即使大家都認為重構帶來的好處是實在且顯著的，還是要注意到，除非這些團隊都有同等投入，為完成重構設定季度目標，否則你的專案將是最先被推到旁邊的一個。

達成平衡

這兩種方案都不完美，但你所選的方案會對你達成團隊短期和長期目標的能力，以及與其他工程團隊的關係，產生影響。可能的話，我建議將這兩種策略混合使用，以儘量減少任一種方法的缺點，並最大限度地提高你成功完成重構的機會。以我們的測試情境為例，以下是我會推薦的幾個步驟。

建議的做法

1. 讓你的團隊找出一些可能從遷移獲益最大的簡單測試。聯繫產品工程團隊以取得更多背景，瞭解他們認為會有最大衝擊的測試有哪些。

2. 從方案 1 開始（參閱第 117 頁的「方案 1：一個團隊遷移所有測試」），手動遷移測試，並詳盡記錄這個過程。（如果測試明顯屬於某個特定團隊，可以提醒一下那個團隊，或和他們一起完成遷移。）

3. 對於遷移後的測試檔，要執行基準化分析，以清楚顯示效能影響。把這些也記錄下來。

4. 開發一個程式碼修改工具，自動遷移一些簡單的案例。在測試套件小型的邏輯子段落上執行此修改工具，直到所有候選測試都已遷移為止。

5. 啟動方案 2（參閱第 118 頁的「方案 2：各團隊更新自己的測試」）。藉由強調新的 mocking 系統的好處，並向工程師指出遷移的範本，來傳播新的 mocking 系統。排定辦公時間，親自回答問題並和工程師一起排除故障。考慮組織定期的即興活動（jam session），屆時整個組織的工程師都可以和你的團隊一起進行一些遷移。

6. 與團隊一起制定季度目標，以增進測試的效能。如果他們願意依據自己的參與程度進行績效評估，那麼測試完成的機率就會更大。

清理小組

一些較大的工程組織有專門提高開發人員生產力的團隊。這些團隊承擔的工作種類範圍可能相當廣泛：他們提供和管理開發環境；他們編寫編輯器擴充功能（extensions）和指令稿（scripts）以自動化重複性任務；他們構建工具，以幫助開發人員更好地理解他們提出的程式碼變更對效能的影響；他們維護和擴充所有產品工程師依賴的核心程式庫（包括日誌記錄、監控、功能旗標等）。很多時候，在應用程式的邊界內繼續與產品開發人員並肩工作的開發人員生產力團隊最終會擔任清理人員的角色。

清理小組（*cleanup crews*）承擔了重要（但往往是吃力不討好）的工作，也就是在源碼庫中找出並清除殘餘物和反模式（antipatterns），並建立更好、更能持續發展的模式來代替它們。這些團隊通常由特定工程師組成，他們非常關心程式碼的健康，並希望他們的產品工程師同事能夠輕鬆地開發、測試，最終發佈新功能。看到公司的其他開發人員使用（並欣賞）他們的程式庫和工具，帶給他們最大的滿足感。

典型情況下，這些團隊承擔了大量的重構工作，原因有二。首先，這些團隊對源碼庫的知識廣度是無與倫比的。因為這些團隊是核心程式庫的所有者，所以應用程式幾乎每一個角落，他們通常都至少會接觸到一點。對於在單一源碼庫內工作的團隊來說，尤其如此。其次，這些團隊重視開發符合人體工學的解決方案，希望讓每個人都能使用，無論所屬團隊或資歷為何。他們有思考什麼樣的介面能在可擴展性和實用性之間取得正確平衡的寶貴經驗。如果專案背後的主要驅動力是提升開發人員的生產力（並維持在那種程度），那麼這就是完美的團隊。第三個隱含的原因是，透過讓清理小組描繪出重構的樣貌並加以執行，產品開發團隊可以相對不受干擾地繼續專注在功能的開發上。

遺憾的是，清理小組很難永續發展。當這些小組成效卓越的時候，其他工程團隊，特別是功能開發團隊，就會覺得自己沒有那麼大的責任必須投入到重要的維護工作中去。隨著時間的推移，清理小組累積了難以克服的工作量，慢慢地消耗掉他們的團隊成員。因此，這些團隊通常都很短命，或者有很高的流動率。此外，推卸維護工作的團隊會逐漸喪失與長期支援功能有關的技能。把另一個大規模的重構扔給他們可能不是一個可行的選擇。

老虎團隊

老虎團隊（*tiger team*）是指由技術專家組成的團隊，根據他們的經驗和精力所選出，被指派去達成一個特定的目標（就像 Ocean's 11 一樣！）。這個術語最早是在 1964 年一篇名為 *Program Management in Design and Development* 的論文中提出的，其中指出老虎團隊是增進航空和太空飛行器系統可靠性的有效方法。在阿波羅 13 號的服務艙發生故障並爆炸後，為了讓太空人能安全回到地球，就籌組了一個特別著名的老虎團隊。這支隊伍後來因為在任務中的努力而獲頒總統自由勳章（Presidential Medal of Freedom）。

> 當工程組織遇到危機時（突發的長時間停機、重要客戶出現嚴重的效能問題、可靠性急劇下降），領導階層可能會要求一組跨職能的專家工程師放下他們目前正在做的事情，全力以赴解決眼前的問題。一般來說，這些小組都是在某種時間壓力下工作的，不管是「我們需要在 X 發生之前解決這個問題」，還是「我們需要盡快解決這個問題」，所以它們往往是短暫存在的。因為重點通常是集思廣益，發展出一個最低限度的可行方案，所以大規模的重構工作通常不是老虎團隊的焦點所在，但總有例外。如果你能夠向管理階層提出令人信服的理由，說明你的努力能夠解決對業務成功至關重要的某個問題，而且必須完成的工作規模跟問題變得嚴峻之前的剩餘時間比起來，如果相對大的話，那麼老虎團隊可能就是你的最佳選擇。

推銷

現在，我們已經瞭解了我們的團隊與重構專案之間的關係，確定了我們需要的專業知識，並集思廣益地列出了我們希望招募的相應專家名單，我們來到了困難的部分：說服他們幫助我們。雖然我們可能無法提供 Bellagio 賭場保險箱內 1.5 億美元的十一分之一，但我們可以試著提出一個令人信服的論點，表明為重構做出貢獻非常值得他們花費時間和精力。不同的人對不同技巧的反應會有所差異，所以我們將在此概述幾個。

不要害怕針對單一專家（不管那是團隊或是個人）部署多種策略。最忙碌或最有懷疑精神的專家很可能需要更多的理由才會同意和你一起踏上旅程，這也是理所當然的！身為參與協作的專家，不管擔任任何種角色，你都同意將寶貴的時間和精力的一部分（也許是相當大的一部分）分配給那個專案。如果重構帶有重大的風險（大多數都是如此），你就是在放任自己涉入事故。如果它很可能會拖上一段時間，你可能不得不放棄出現的其他機會。參與一個大型重構並不是沒有風險的。你不應該試著將這些風險降到最低，反之，你的目標是讓專家們看到好處顯然勝過於風險。

最後，堅持不懈本身就是一種技巧。如果你已經和名單上某項專業技術的每一位潛在專家都談過了，但還沒有人咬鉤，那就繞回來。前幾位候選人會有更多的時間來考慮這個機會，而你也可能有從迄今為止的許多其他對話中獲得更多的技巧。

吸引工程師和吸引團隊的經理是一種不同的體驗。工程師更接近程式碼；他們更具體、更敏銳、更頻繁地體驗到你的重構所要解決的痛點。根據我的經驗，你很少需要花費大量的時間（如果要的話）來說服工程師，讓他們相信你所察覺的問題是一個實際的問題；他們經常能夠完全理解為什麼你所要解決的痛點如此重要，因為他們自己也曾多次經歷過這種痛苦。對於工程師，你很可能可以成功地使用接下來的章節中概述的大部分推銷技巧（也許還要結合其中一些）。

另一方面，經理人可能只會從次要的角度感受到痛苦，例如，他們可能會注意到衝刺計畫（sprint planning）會議中，工程師建議的時間估計值些微的增加，是由於程式碼的複雜度也同等增加了。在一對一的情況下，有些工程師可能會對因為程式碼脆弱、測試不完善而導致的頻繁事故表示沮喪。經理們也經常沒有動機去優先考慮重構而非功能開發。這通常是因為經理們是根據他們團隊定期推出創新產品的生產力來衡量績效的。花一兩個季度的時間來改善團隊負責的程式碼，以便後續能在未來的季度中加快開發速度，這對上層管理者來說是很難接受的，所以除非急需清理程式碼，否則經理不會隨便出手。在接下來提出的技巧中，我建議主要靠衡量標準和以物易物那些部分。

 你可以依據經理們以程式碼健康和品質為中心定義出可衡量目標，並支援團隊達成這些目標的能力，來明確評估他們，從而確保經理們有動力在團隊中優先考量程式碼健康和品質。要讓上層管理人員同意將此作為一個重要的績效評量指標，並不總是那麼容易，但如果你能做到這一點，你的工程組織構建和維護軟體的方式就會產生巨大的正面變化。

衡量標準

在第 3 章中，我們探討了在開始重構旅程之前，我們可以量化應用程式當前狀態的各種方法。第 4 章討論了如何制定一個全面的行動計畫，並以第 3 章概述的方法所進行的初始測量，確定出一套可靠的成功指標（metrics）。這些指標可以幫助你建立一個令人信服的論點，以獲得重構工作的助力。

典型情況下，這種推銷技巧對那些秉持懷疑態度的專家，以及那些在日常工作中最注重資料的人最為有效。這些是總是在問問題的工程師，他們積極監測他們團隊負責維護的 API 的 p95 回應時間；他們是最早注意到資料庫作業的平均數量急劇上升的人。用你自己的指標來吸引他們喜愛分析的一面，你可能會因此保障一名新的專家。

首先，闡明為什麼你選擇的指標是衡量問題的良好標準。花時間仔細解釋你希望解決的那些問題之間的關係、你選擇如何量化它們，以及你收集到的初步統計資料。先選擇簡單的指標，然後以支持你的額外資料點來增強你的說服力。如果你有拿到或自己生成了任何有助於說明問題的視覺化媒體，請使用它們，即使是那些我們認為是數字人的同事也多少會欣賞解釋性圖形或圖表。

將起始指標與你定義的成功指標並列，從期望的最終狀態開始。然後，你可以帶領專家一觀從開始到結束的整個努力過程中，指標經歷了怎樣的演變。強調你的成功指標決定性地表明重構將會成功，而且這些指標雖然很有野心，但是可以實現的。

慷慨

有一種奇怪的認知失調，被稱為 Benjamin Franklin 效應：比起幫忙別人，請別人幫你的忙，更有機會讓他們喜歡你。舉個例子，比如 Charlie 請 Dakota 幫個忙。Dakota 高興地答應了。所觀察到的現象是，比起 Charlie 幫他忙，Dakota 更有可能因此再幫 Charlie 一個忙。這背後的思維是，人們因為喜歡別人而幫助別人，即使他們實際上並不喜歡，但他們的頭腦必須努力維持他們的行為和認知之間的邏輯一致性。

與你所要改善的程式碼緊密互動的工程師更有可能瞭解它的痛點。他們可能至少認識其他幾位工程師（無論是在他們的直屬團隊，還是在整個組織中）也經常經歷相同的這些痛點。如果這位專家是那種對源碼庫的健康狀況和周圍工程士氣瞭若指掌的同事，那麼他們很有可能對他們的隊友有很大的同理心，你可以成功吸引他們內心的利他主義者。

向專家詢問他們聽到隊友抱怨的事情。把重構打算修復的具體痛點記在心裡（或寫下來）。一旦你體會了程式碼在當前狀態下的困難之處，就列出他們提到的每一個問題，並演練你提出的解決方案。可能有一些問題你還沒有明確的解法，但這完全沒有關係！事實上，這正是你向外尋求專家的原因，你需要的是他們對你想解決的問題之看法。讓他們清楚，這些都是他們可以為專案提供的見解。最後，強調他們的貢獻會確實地讓同事的生活（至少有一點）變得更愉快、更有效率。指出重構的預期收益，並總結成功的指標（因為多方位的推銷最終會是更強力的推銷）。

機會

如果你要推薦的專家正在尋找一個很好的職涯發展機會，或者是在工程組織的其他部門中更引人注目的機會，那麼大規模的重構專案可能是他們簡歷中完美的一條項目。在本章的前面，我們提到，一些經理可能希望找出既能成為專案的珍貴資源，又能在更廣泛

的工程組織中讓他們獲得有價值的能見度的那些團隊成員；如果他們已經為你提供了幾個名字，一定要與他們進行對話，討論這些人需要什麼樣的成長和曝光率才能進入下一個層次。

當你和專家坐下來的時候，要和他們聊聊他們在尋找什麼類型的成長機會。希望工程師和他們的經理在他們想要展示的行為或需要推動的專案上是一致的，以促進他們的職業發展，但情況並非總是如此。如果你想說服工程師果斷加入你，同時為他們的成功做好準備，花時間把經理的期望和工程師的期望凝聚在一起是最好的方法。從綜合的意見中，花時間找出重構中該名專家能做出貢獻的幾個重要部分，以展示他們正在尋找的關鍵特質。與他們會面時，引導他們完成每一個里程碑，並強調他們可以做出的貢獻。描述你希望這些貢獻如何能幫助他們實現目標。注意保持開放的對話，並對他們的意見持開放態度。你的立場與他們不同，也不是他們的經理，所以他們對於如何才能最好地幫助他們獲得成功，看法可能與你自己的不同。

以物易物

如果所有其他方法都失敗了，請做好以物易物的準備。以物易物是獲得順利完成專案所需資源的好方法，同時也是一種回報的承諾。典型情況下，以物易物不是發生在你和其他工程師之間，而是發生在你自己的經理和你尋求幫助的團隊的經理之間。你作為回報所做出的承諾可能不太一定，這就是要找到對方經理最看重的東西，並找到你樂意提供的適當交換物。這裡僅舉幾個例子：

- 假設你的團隊有一個開放的人數，而你想招聘專家之團隊急需額外的名額。如果你的組織允許這樣做，而且你也願意放棄一些可用的人頭，你可以為該團隊提供所需的名額，以換取一兩個工程師為重構工作做出積極貢獻。

- 如果你們的團隊擁有某個相容的功能之所有權，你們可以接受其他團隊一直想放棄的某些元件的額外所有權以作為交換。通常，當團隊的邊界不明確或爭論不休時，一些領域往往會變得完全無人所有，或者經常在兩個團隊之間推來推去（這基本上導致它們無主）。作為幫忙的交換，你的團隊可以同意在一定的時間內（幾個季度或一年）果斷接下這些功能或元件。

- 如果你的工程組織有集體責任（完成一定小時數的客戶支援或參與訪談），你可以提出讓你的團隊在重構工作結束後的規定時間內承擔專家團隊的部分（或全部）責任。（理想的情況是，你同意只有在專案結束後，或專案接近完成時才開始交換，因為從專案中抽走的任何時間都只會使專案變得拖延，對每個參與的人都不利）。

當以物易物發生在兩名工程師之間時，通常這會是一種主題專業知識的交換，也就是說，你作為 SME 招募的專家希望你作為 SME 在一個正在進行的或未來的專案中作出貢獻。我也見過工程師同意以程式碼審查做交易，或是一起輪班時，承擔額外的待命輪班時間，或者同意代表專家記錄和推廣一定數量的事後分析報告。

要知道，在以物易物的情況下，如果重構工作期間優先順序發生變化，任何一方都有可能無法兌現承諾。任何規模的公司的重組都會使這些協議因管理階層或功能所有權的轉移而失效。經理或工程師離開公司或調換團隊也會對任何預先安排的協議產生影響。重構的時間越長，協議因為某些原因而失效的可能性就越大。

重複

如果你無法說服每類專業的第一個名字，別擔心！這就是為什麼在早期的腦力激盪中想出多個名字是很重要的。理想情況下，你可以為每一種專業知識爭取到一位專家，但如果你難以想出更多的候選人，可以考慮聯繫那些已經拒絕了機會的人，請他們為你推薦其他人，他們或許能給出一兩個名字。

如果你無法找到最初還不會需要的技能之專家，可以考慮先暫停搜索，一旦到了必要的階段，再重新來過。如果之前持觀望態度的專家若是看到了足夠的進展，或是最初的指標出現了正面轉變的跡象，他們可能會被說服加入。重構可能有點像雪球從雪山上滾下來一樣，隨著勢頭的增強，它影響的表面積也越來越大，在接近完成之時會聚集越來越多的資源。

幾種可能的結果

如果所有事情都到位，我們可能有辦法說服接洽過的每個人，並組建出適合此工作的絕對最佳團隊。恭喜！遺憾的是，這種理想的結果是相當少見的。你有很大的機會無法建立出你完美的夢幻隊伍，這沒關係。我們可以想辦法利用我們能爭取到的資源有效地作業，並達成高品質的重構！結束本章之前，我們將花一些時間來探討現實中的場景可能是什麼樣的，以及如何充分發揮它們的用處。我們還會簡單地討論如何處理最壞的情況：不得不單獨行動之時。

真實場景

最有可能的現實情況是，你最終只有一小撮願意投入的專家和團隊成員。正歷經大幅成長的小公司中，每個人都不只身負一項任務，每位工程師的工作可能都滿載，所以你不太可能找到有空的專家來填補你所需要的每一項專業知識。在更大、更穩定的公司裡，你可能很難讓其他團隊的人承諾協助你，這單純出於組織邊界和優先順序不同的問題。僅僅因為某人是你成功完成重構所需之背景知識的領域專家，並不意味著這會是該名專家或其管理階層的第一優先順序。

不管你在啟動開發之前能夠說服誰，如果你已經成功聚集了至少由幾名工程師組成的核心團隊來完成專案最初期的部分，那麼你就處在一個很好的位置。畢竟，你開始時的團隊可能不會是你最後的團隊，因為你完成前幾個里程碑所需的支援和專業知識不一定會是你在專案的其餘部分所需的支援。一旦你展示了一些明顯的進展，而重構的好處對其他工程師來說變得更加明顯，你很可能得以鼓勵其他人加入你。

最壞的情況

絕對最壞的情況是，你無法獲得任何額外的協助，需要單獨執行專案之時。現在，在我們開始探討如何充分利用這種情況之前，我想花點時間表明，如果你的唯一選擇是單獨執行一個大型的、跨功能性的重構，你可能要考慮完全不去做。如果工程組織對你提出的人員分配建議不夠信服，而你聯繫的專家工程師也沒被說服，也許是時候回到規劃階段，強化你的理由了。否則，可能就得承認，或許現在不是執行這個專案的合適時機。

如果你的經理、隊友和其他一些工程師都相信這項工作的重要性，但根本沒有足夠的資源去做，你可以考慮獨自前進。但要注意，這不是一條輕鬆的道路。獨自工作會讓人感到非常孤立。因為只有你一個人，一步一步慢慢地推進，所以會覺得自己沒有取得重大進展。你很少有機會和對專案的狀態有實質瞭解的人交流意見，也不是每次你需要第二意見的時候都會有人相助。

從好的方面來說，你不需要與其他人協調，希望你知道你需要採取的步驟之順序，而且可以連續地執行它們。不需要和別人協調也是一個嚴重的缺點。你必須非常仔細地追蹤記錄你正在做的每一件事，並將這些資訊公開，這樣其他有為你的努力投注資源，但無法實際幫忙的人就可以衡量你在專案中的情況。

在對源碼庫進行大規模修改時，發生一兩起事故幾乎是不可避免的。雖然事後總結報告應該是責無旁貸的，但當一個專案只有一人負責時，就會覺得責任和後續補救措施的負擔全都落在你身上，而不是一群人身上。

 如果你還沒有看過 John Allspaw 發展出來的 Etsy 事後處理流程（Etsy's postmortem process，*https://oreil.ly/DFSh_*），我強烈建議你去看看。他們的事故回應方法相當徹底，並且促進了工程組織內部有意且專注的成長發展，同時還保護了工程師個人的心理安全。

我建議你找一位好友，或許是其他也被委以重任、成為重要專案唯一責任者之人。這個人的存在會讓為自己負責並更有動力，類似於你可能會定期與朋友見面做瑜伽那樣：你知道他們會在那裡，因為你就在那裡，反之亦然。你們可以定期會面，並討論你們各自的專案迄今為止的進展。你們可以幫助對方集思廣益，解決棘手的問題，偶爾也可以審查彼此的程式碼。不管是哪種方式，在未來的艱難道路上，有人陪你一起走，對於保持正軌絕對是至關重要的。

培養強大的團隊

在團隊組建的整個過程中，你需要磨練一項重要的技能以建立出一個有效的團隊：溝通。最好的溝通者可以透過說服合適的工程師加入，並從第一天起就對他們的參與設下明確的期望，從而建立出最好的團隊。每名貢獻者，無論是活躍的隊友還是主題專家，都很清楚自己在整個努力中的角色和責任，並對自己達到既定期望的能力充滿信心。

在整個重構工作的剩餘時間裡，溝通仍然是最重要的，尤其在你開始對源碼庫進行修改之時。在下一章中，我們將討論頻繁且徹底的資訊更新之重要性，並探討如何在你的團隊和受你變更影響的人之間建立並維持資訊自由流通的管道。

第三部

執行

第七章

溝通

我的一位朋友，我們稱她為 Elise，最近開始了建房之旅。在幾個月的時間裡，Elise 密切參與了這個過程的每一步。她與在她的工地現場輪流來去的管線工、電工、木匠、瓷磚鋪設工，以及無數的施工人員進行協調。每一位專業人員都在緊密的團隊中工作，一塊一塊地將她的家建構而成。

每隔一段時間，Elise 的一些朋友，比如我，就會問她房子的進展情況。她會對浴室的瓷磚發表史詩般的敘事，拿出她考慮過的樣品的照片，詳述當大部分瓷磚到貨後出現裂縫，她需要打很多電話來更換原本那批瓷磚的故事。然後她會意識到她沒有告訴我關於第二個浴室的計畫，接著轉入新的一組軼事。

我確實很喜歡聽她的房子是怎麼建成的，但 Elise 的非線性故事，再加上繁複的細節，對我（和她的許多其他朋友）來說有點太多。所以，經過幾次交談，我們建議她開個部落格。在那裡，她可以記錄進展情況，配上圖片和艱鉅的細節，而我們可以定期查看，閒暇時隨意瀏覽。我們找到了一種能讓大家都能跟上施工進度的通用媒介。

Elise 在與施工人員的日常溝通中，直接且注重細節，而在部落格中更重視的則是全局概觀。對於一個大型的重構專案，你也必須從兩個不同的角度來處理溝通障礙：一是自己團隊內部（Elise 與她的施工人員），二是與外部利害關係者（Elise 與她的朋友）。在本章中，我們將討論你可以用來確保這兩個群體都瞭解情況且彼此一致的溝通技巧。我們將探討你應該為你的團隊建立的重要習慣，以及培養高效團隊的一些策略。然後，我們會看看你應該採取什麼措施來讓團隊以外的人保持聯繫。我們還將討論一些應對利害關係者的策略，不管他們是太涉入其中，或是參與度不夠。

本章中的想法是為了提供你一個藍圖，用以在你的團隊中培養強大的溝通習慣。你的公司在協調、追蹤和回報大型跨職能軟體專案的方式上可能已經有了完善的實務做法。你的經理、產品經理或技術專案經理也可能對於如何建立最佳團隊以獲得成功有自己的想法。我建議聽取這些人的意見，閱讀後面的想法，然後拼湊出你認為對大家最有益的東西。希望在本章結束時，你會有一套新的工具，可以在下一個大型重構專案中使用。

團隊之內

希望你團隊內部的交流已經是流暢和頻繁的。如果是這樣的話，你的團隊很可能在日常工作中就有許多交流。你們正在進行結對程式設計（pair-programming）、審查彼此的程式碼，並一起除錯。你的團隊可能還會有每天的站立會議（stand-up）和每週的同步會議（sync meetings）。我們中的許多人在參與這些互動時，並沒有思考我們是如何交流的。這些感覺起來就只是我們工作中的常規部分，因為它們本該如此。然而，這其中的一些互動可以做得更刻意一些，以便更有力地支援技術上複雜的長期專案（例如大規模的重構）。

關於定期溝通的注意事項

如果你的團隊還沒有經常進行有效的溝通，也許你應該考慮將一個大型的重構專案推延，直到你的團隊花時間解決了困難。你的團隊可能正在遭受一些問題的困擾。也許你正在與隊員彼此不合的團隊合作，或者你的隊友花在講話的時間比傾聽的時間多得多。無論你遭遇的是什麼，如果不解決溝通上的問題，你的團隊將無法很好地執行一個關鍵專案（就算有辦法開始的話）。關於如何改善團隊溝通的資源不少，但我推薦你買一本 Marshall Rosenberg 寫的《*Nonviolent Communication*》。

如果你的團隊是相對新建立的，或者是為了執行重構而組建的（大多數的老虎團隊都是這樣），先花點時間做一兩個團隊建設練習。對團隊來說，進入這種專案時彼此感覺良好是很重要的，原因有幾個。首先，每個人都有可能在某些時候產生一兩個臭蟲。你希望你的團隊能夠支持你，幫助你快速糾正錯誤，而不是因為你的錯誤而批評你。其次，你們必須能夠攜手解決棘手的問題，如果能先把自尊放低，不去擔心你們中的哪一個人的想法最好，將有助於你更快得到一個好的解決方案。第三，大規模的重構可能會拖上一段時間。你需要能在整個專案過程中給你的工程師同事誠實的回饋意見，這樣你們才能繼續有效地合作。沒有人希望對隊友越來越惱火，以至於無法再與他們合作。相信我，我就犯過這樣的錯誤。

為了讓你的團隊繼續前進，免受誤解和其他事故的困擾，有一些溝通習慣你應該考慮從一開始就實施。其中一些概念對於那些實踐 Agile（敏捷）開發方法的人來說會很熟悉，就算只是最低限度的也一樣。我們將同時關注高頻率的習慣（即每天或每週）和低頻率的習慣（即每月或每季度），這些習慣對於批判性地回顧你到目前為止已經完成的工作和未來的工作非常重要。

可能的話，我建議制定一項政策，在會議期間不使用筆記型電腦並儘量少用電話。理想情況下，在會議期間應該使用筆記型電腦的人只有那些積極參與的人，可能藉以做筆記或在螢幕上分享內容。如果會議參與者正在待命或積極為事故的補救做貢獻，那麼使用筆記型電腦就更沒問題了。這個政策聽起來可能有點嚴格，但我真的相信它能讓每個人受益。我發現，在沒有電腦的情況下，我參加會議時能更好地保持注意力，我會更認真傾聽、提出更好的想法，並經常在離開時感到會議很有成效。如果你想嘗試一下，可以先在一兩次會議中實行這一政策。你可能會發現，這些會議更有成效，有時還會提前結束。

你的團隊可能會以各種獨特的方式進行頻繁的溝通。在典型的工作日裡，你們可能會一起聊天、結對程式設計、審查程式碼和除錯。有一些更有規律且結構化的溝通方式，可以有意義地確保每個人都以良好的節奏參與其中。我們將在這裡概述一些，並描述它們是如何有價值的。

每日站立會議

站立會議是一種良好的習慣，可以讓團隊中的每個人定期保持一致。它們可以成為一個很好的強制功能，讓你和你的隊友在你的專案規劃工具中更新你任務的狀態。每日站立會議也是一個很好的機會，得以反思過去的 24 小時，你是否取得了足夠的進展，或者你是否應該向隊友尋求援手？鑒於昨天學到的東西，你今天打算做些什麼？

每個團隊都有不同的站立會議方式。有些人喜歡面對面的會議，讓每個人都圍在辦公桌前，朗誦前一天的進度。要求每個人每天在固定的時間出席站立會議有其優點。它們為工程師提供了一個每日錨點，他們能以這個錨點為中心來規劃自己的工作。

進行大型軟體專案時，有一個指定的時間，讓你可以總結你所取得的進展，無論多麼小，都是至關重要的。有時，工作的範圍似乎會讓人難以承受，而能夠專注於漸進式的前進步驟，可以讓人感覺目標更容易實現。每天的面對面站立會議也為大家提供了一個討論區，讓大家彼此都獲得重要的見面時間。儘管站立會議看起來很單調，但如果你的團隊中的大多數人花了很大一部分時間獨自撰寫程式，那麼每天的站立會議可能是為數不多的面對面互動之一。

 當我使用「面對面」這個詞時，我指的是任何面對面的媒介。這可以是親身在同一個辦公室裡，也可以是分散在世界各地，透過視訊會議見面。重要的一點是，每個人都要花時間去看、去聽，遠離干擾。

其他團隊則更喜歡非同步的敘舊方式，依靠他們主要的協作平臺（無論是 Slack、Discord 還是類似的工具）來發佈上一個工作日的總結。面對面的站立會議的一個缺點是，它們要求每個人每天都要在完全相同的時間出現。對於高度分散的團隊來說，面對面的站立會議要不是非常不方便，就是幾乎不可能，因為跨越的時區範圍太過廣泛。這種會議也會不自然地打斷工程師的早晨或下午時光，減少他們深深專注於手頭任務的時間。

有效地重構程式碼通常需要敏銳的注意力，你要試圖解讀當前的實作在做什麼（藉由閱讀它或執行相應的單元測試），然後，根據這種理解，判斷出改進它的最佳方法，最後，弄出改善後的實作，精確複製初始解決方案的行為。大多數程式師需要連續幾個小時不間斷的時間，才能進入所需的思維空間，開始在一項艱鉅的任務取得可衡量的進展。如果一名工程師九點鐘進入工作狀態，卻被 10:30 的站立會議打斷，他們甚至可能放棄起始一項任務，因為他們知道自己不會有太大進展。

為了更加接近面對面的站立式會議，非同步的站立會議通常要求參與者在某個時間之前提供更新。比如說，你的團隊會在每個工作日上午 10:30 之前非同步地提供更新。如果你是早起的鳥兒，通常早上 8 點就到了辦公室，你可能會立即提供你的更新，然後就一頭栽進你的下一個任務中。你的隊友則在開始工作時提交他們的更新。到了上午 10:30，如果團隊中有人還沒有寫出任何東西，你的經理可能會輕輕地催促他們，直到每個人都提交了更新為止。

進行大規模的重構工作時，你可以繼續舉行日常的站立會議，但你可能希望在整個執行過程中重新審視其頻率。例如，如果你的團隊已經進入了具有高度平行工作流的一個里程碑，那麼每天都對這些不同的、鬆散相關的工作流進行更新，可能不是很好的時間利用方式。如果你的更新是高度技術化且細節導向的，那麼你的大多數隊友就不會有欣賞這些更新所需的詳細背景知識。你可以考慮每週兩次或在每週的同步期間提供更詳盡的更新，而非每天舉行的站立會議。

每週的同步會議

每天的站立會議是為了快速傳達大家的進展情況，並不是與團隊定期溝通的通用手段。想一想半小時的站立會議。如果你的團隊成員在過程中花了相當多的時間深入討論他們的任務和他們正在解決的問題，你應該考慮兩個選擇。第一種是要求他們在站立式討論結束後繼續討論，如果該談話不涉及到你團隊的大部分成員，那應該沒什麼問題。你的第二個選擇是開始舉辦每週一次的同步會議。這種討論區應該能給你的團隊更多的專用時間來挖掘他們最關心的話題。

對於大型的重構工作，因為受影響的表面積可能相當大，所以通常會有來自整個組織的不同工程師參與。當團隊是高度跨職能的，並非所有成員都將 100% 的時間投入到重構工作中的時候，每週一次的同步會議通常是比每天一次的站立會議更好的選擇。透過每週半小時或一小時的會議，團隊成員可以只集中討論與重構相關的更新。

我建議為每週的同步會議預備一個小時左右的時間。你可以像站立會議那樣安排每週一次的同步會議，但要做一些調整。在會議的前半段，讓大家輪流分享上一週在重構工作中達成了什麼。如果你預期取得更多的進展，你應該思考一下為什麼會這樣：你是否遇到了心理障礙？其他非重構相關的工作是否佔據了中心位置？對團隊來說，知道是什麼阻礙了專案的發展，就跟知道每個人在做什麼一樣重要。這樣一來，如果需要重新分配工作以保證專案的進展，團隊就能馬上發現並做出相應的調整。當你在房間裡轉來轉去的時候，記下大家可能想要用更長時間討論的任何話題。

在會議的後半段，花時間討論任何重要的話題。你可以在當週內收集這些話題，然後帶著完整的議程來參加每週的同步會議。舉例來說，也許某個隊友在測試過程中發現了一個新的邊緣案例。雖然這可能已經在某個站立會議中討論過了，但你可能想在每週的同步會議中進一步討論這個邊緣案例，並給團隊一個修正推行（rollout）方法的機會，以確保類似的邊緣案例得到妥善處理。

你也可以在大家的更新過程中收集討論話題，對耐人尋味的任何主題保持關注。舉例來說，有位隊友可能提到要花時間製作出一個個原型，以自動化的方式處理重構中比較重複的部分。團隊中的其他人也許都能從更加瞭解這個原型的資訊，以及如何利用它中受益。一如既往，注意會議禮儀，並確保每個人都有機會分享自己的想法。

強大的團隊是通過強大的聯繫建立起來的，而強大的聯繫是透過有意義的人際互動建立起來的。每週的同步會議是鞏固你與隊友關係的最佳討論區。為什麼建立強大的團隊如此重要？擁有一個互相支持的團隊，在遇到困難的時候會特別有幫助。例如，如果團隊中有人發佈了一個變更，導致了嚴重的退化，知道有團隊支持他們，並有一兩個隊友會很樂意跳出來幫助解決這個問題，可以大大降低他們的焦慮感，從長遠來看，還可以防止過勞的倦怠。當工作陷入長期抗戰，能夠相互支持也是非常重要的。

大部分的大規模重構都有由枯燥、重複的工作組成的大型里程碑（本書到目前為止的所有例子都有一兩個冗長、單調的步驟）。這些里程碑往往並不具有特別的挑戰性或吸引力，它們是枯燥繁瑣的，但卻是必要的。團隊需要執行這些階段性目標時，通常專案會開始讓人覺得推進速度慢到不行。在這些階段中，團隊成員可能更容易產生倦怠感，但如果有一群你可以依靠的人，能與他們分享你的挫折感，就會有天壤之別。如果團隊中的某個人很難找到繼續下去的能量，也許更有餘裕的其他人可以介入，伸出援助之手。

在每週同步會議期間一定要做筆記，這樣才能為所有討論內容（以及團隊得出的任何結論）留下記錄。這些筆記，連同你在專案管理軟體中追蹤的任務，在你需要快速參考團隊所達成的事項時，將有助於你的下一次回顧。

每週同步會議可以與站立會議相結合，或者完全取代站立會議。根據我的經驗，我發現即使有每天或一週兩次的站立會議，每週一次的團隊同步會議也是非常有益的，因為它為每個人提供了一個開放的論壇，可以更深入討論當週最重要的主題。如果你的團隊選擇非同步的站立會議，我會特別推薦每週舉行一次同步會議，這樣一來，每個人都有機會定期進行當面互動。嘗試不同的站立會議方式（非同步或面對面，每天或每隔一天），結合每週的同步會議，看看什麼最適合你的團隊。

回顧會議

回顧會議對於執行大規模重構的團隊和敏捷產品開發（Agile product development）的團隊一樣有利。它們為你的團隊提供了一個重要的機會來反思最新的反覆修訂週期，強調改進的機會，並找出你可以採取的任何有益行動。留出時間來討論哪些地方做得很好，哪些地方可以做得更好，以及你計畫改變什麼，這是作為一個單位的團隊和個人成長的重要部分。

絕大多數的敏捷開發團隊都會以不同的節奏定期參加回顧會議。某些以產品為中心的團隊會在一個新功能推出後，或在一定數量的開發週期後舉行一次回顧會議（retrospective，簡稱 retro）。從事較長期專案的團隊可能每月或每季度舉行一次 retro。對於大型的規模化重構，通常在重要的里程碑結束時進行回顧，獲益最大。這些回顧會議通常夠長，足以考慮大量的內容，但也不會太大，以至於團隊難以記住自上次回顧以來發生的所有事情。偶爾，單個里程碑中較小的子任務可能就足夠顯著，有資格擁有己的回顧會議；對於所有不同團隊和不同重構來說，沒有普遍適用的完美的答案。如果你傾向於認為回顧是值得的，只需詢問你的團隊是否同意。如果同意，就安排一次；如果不同意，就等團隊完成下一個實質性的工作後再進行。

如果你對自己是否有能力辦好回顧會議沒有信心，有很多公開的資源可以幫助你。Atlassian（*https://oreil.ly/kgz9y*）在其網站上有不少文章和部落格貼文，概述了最佳實務做法，並探討了為你的回顧會議加分的原創想法。

團隊外部

跟任何大型軟體專案一樣，你團隊之外會有相當不少的人將對你的進展感興趣。這可能包括高層管理人員、受影響團隊的工程師或資深的技術負責人。上層管理人員會希望檢查項目的進展情況，以確保重構以預期的速度進行，並產生預期的結果。從這個角度來看，大規模的重構工作很容易變成錢坑：寶貴的、昂貴的工程時間被用來重寫已經存在的功能，如果專案出現偏差，投入的時間和資金只會增加。還有機會成本（opportunity cost）的問題，正如我們在第 5 章中所討論的那樣，管理者必須在重構與進一步的功能開發之間進行權衡。上層管理人員會希望定期得到證據，確保其投資重構的決定是正確的，如果在任何時候他們認定不是這樣，很可能會提出暫停或完全停止重構的計畫。你可以藉由磨練你在團隊外提供更新資訊的溝通技巧，來確保他們繼續支持你的努力。

受重構影響的團隊中的經理人和工程師會希望追蹤專案的每個階段，以衡量他們何時有可能受到其影響。他們會希望準確地知道團隊預計何時推出相關變更，以及預期需要多久時間。同時，資深技術負責人會留意任何挫折，將其作為幫助引導專案回到正確方向的機會。典型情況下，這些人在塑造公司的技術願景方面有著重要的作用，並負責確保複雜、重要的技術工作取得成功，包括任何大規模的重構。

在本節中，我們將討論如何確保所有外部利害關係者都能及時瞭解重構的最新進展。我們會先看看你可以在前期做的一些工作，以儘早建立良好的習慣，然後我們會看看你如何在整個專案執行過程中維持外部溝通順利。

啟動專案時

啟動重構時，你需要就如何與外部利害關係者溝通做出一些重要的初步決定。藉由儘早做出這些決定，你將幫助你的團隊在與團隊以外的同事協調時，節省寶貴的時間，並降低與外部各方溝通不暢的整體可能性。

選擇單一的真相來源

即使是最小型的公司也會使用一些工具來完成同一套任務。你的公司可能同時使用 GSuite 和 Office 365，而有些部門更喜歡其中一種產品而非另一種。即使是在你自己的工程組織中，你們的文件都可能分散在 GSuite、GitHub 和內部 wiki 之間。身為搜索產品功能或進行中專案相關資訊的人，不得不在六、七個平台上搜尋不連貫的資訊，會讓人很惱火。當相關資訊分散在多個位置，而且資訊不一致時，會更加令人沮喪。

當你啟動重構，選擇一個你的團隊喜歡使用的平台來收集與專案相關的所有文件。因為你會定期創建新的文件並更新現有的文件，所以你會希望選擇擁有你最喜歡的特質的解決方案。如果你每次需要添加新的東西時都很煩躁，你就不太可能會去做，而且文件也會過時。

在你所選擇的平台中，創建一個目錄來存放所有相關的文件，這將成為你單一的真相來源。這些文件可以包括技術設計規格、你在第 4 章中制定的執行計畫、會議記錄、事後總結報告等等。不管其他工程師是在哪裡尋找文件，都要連結到你的目錄，或者，更好的是，連結到目錄中的某個特定文件。如果你的同事已經習慣在 GitHub 上搜索技術文件，但你更喜歡用 Notion 寫，那麼就在 GitHub 上為你的文件創建一個條目，並直接連結到你的 Notion 條目。這樣一來，不僅你的文件很容易找到，你也可以確定沒有任何過時的文件副本四處飄蕩。

當你的團隊在整個專案執行過程中產生文件時，確保所有的文件都落在你的專案目錄中（並在其他廣泛使用的文件來源中更新外部連結）。

設定期望

接下來，你要與外部利害關係者設定期望值。這些利害關係者中的許多人會定期與你進行核對，詢問新的資訊。遺憾的是，你的利害關係者越多，這種模式就會變得相當麻煩。假設每當上層管理人員中有人對重構的進展有所疑問時，你或你的經理都會收到一封郵件或訊息，那麼不久之後，你就得花費相當多的時間來回應這些請求。另一方面，可能有一些你希望他們能定期核對的利害關係者，但不幸的是他們並沒有那麼做。在這種情況下，你的團隊必須將資訊推送出去。都要主動向眾多利害關係者宣傳資訊，這可能會很煩人，特別是在你沒辦法確定對方是否閱讀了你所提供的資訊之時。

與其回應每一個請求或單獨聯繫每一個利害關係者，不如花一些時間確定你打算如何傳達進展情況，並儘早與你的利害關係者建立期望，讓他們知道應該在哪裡並以什麼頻率期待這些資訊。當利害關係者打破了你所確立的模式（例如，你從你的越級主管得到指示），請不要直接提供資訊，而是單純回覆一個溫和的提醒，告訴他們在哪裡可以找到他們需要的東西。

當你啟動重構的時候，花點時間起草一份粗略的溝通計畫。這個計畫應該包括以下資訊：

利害關係者可以在哪裡找到關於重構目前階段的資訊

有很多地方可以讓外部各方輕鬆取用這些資訊。如果你的團隊使用 Slack，你可以創建一個頻道來存放與重構相關的對話，並將頻道的主題設置為對專案當前階段的簡短描述。在一週結束時，發佈一個每週總結資訊，詳細介紹過去幾天的進展情況（如果你每週都舉行同步會議，你可以在會後立即起草這則訊息，並連結到你的會議記錄）。如果你的團隊使用 JIRA，請提供 Project Board 的連結。對於需要定期、高階更新資訊的利害關係者，可以考慮在頂層專案上添加一個摘要欄位，讓團隊每週更新。

利害關係者可以在哪裡找到高階的專案時間軸

你可以在專案文件目錄的根部包含一份高階的專案時間軸，直接放在溝通計畫中，或者作為執行計畫的一個小節。若有任何日期最終隨著專案的進展而變化，請確保你有更新這個時間軸。

工程師可以在哪裡找到關於重構的技術資訊

在此，你可以連結到你的團隊打算放置重構相關說明文件的目錄。提供一個簡短的摘要，說明團隊計畫在那裡彙總的文件種類。

利害關係者可以提問的地方

在某些情況下，公司裡的人要麼無法在提供的資源中找到所需的資訊，要麼更願意直接提問，而不是自己尋找資訊。在這種情況下，你要確保他們知道該去哪裡問問題。如果你的團隊使用 Discord，可以將他們引導到專案頻道，或者建立一個專門用於提問的頻道。如果你的團隊依賴電子郵件，並且有一個電子郵件群組，讓成員向整個團隊而非個人發送電子郵件。如果你的團隊是跨職能的，為每個參與的人建立一個電子郵件群組，並將問題導向該群組。

什麼時候受影響的團隊應該期望會收到你的消息

與有可能受到重構影響的團隊進行協調時，你會想要保持高透明度。你要確保這些團隊中沒有人對你團隊正在進行的工作感到驚訝或受挫。為了確保每個人都在同一戰線上，提供一份你打算在與其他團隊的程式碼互動時遵循的準則清單。這可能包括在修改其團隊負責的程式碼時，標記該團隊中的一或多個人進行程式碼審查，或者在與團隊相關的情況下，參加他們的站立會議，提供重構的更新資訊。

專案執行過程中

在專案執行過程中，你的團隊應該考慮養成一些溝通習慣。這些策略可以幫助公司的每個人隨時瞭解你的進度，同時儘量減少你的團隊需要做的主動對外溝通。我們還將討論在尋求團隊外部工程師關於專案的專業知識時，與之溝通的最佳方式。

進度公告

進度公告（progress announcements）的重要性不僅在於讓大家知道你們已經完成了另一個里程碑（並因此解鎖了隨之而來的好處），對於繼續讓你的團隊覺得有生產力，並提高他們的士氣也至關重要。大規模的重構對團隊來說可能令人生畏，即使是對習慣從事漫長專案的團隊來說也是如此。在每一個里程碑結束時加以慶祝，有助於每個人在整個項目期間得到成就感。

無論你的公司如何宣告新功能的推出，不管是部門範圍內的電子郵件，還是 Slack 頻道中的訊息，都要問問能否藉此發送重構的重要進度更新。你的團隊的努力工作將得到重要的認可，並向廣大受眾證明重構是一項有價值的工程投資。

執行計畫

在第 4 章中，我們學到如何為我們的大規模重構起草一份有效的執行計畫。我們不僅可以把這個計畫當作一個簡單的路線圖，還可以把它當作一個記錄點，記載我們在整個專案進展過程中的工作。為原始的執行計畫製作一份副本。除了在必要時對預估時間和里程碑指標進行輕度調整外，原始版本應該盡量保持不變。該副本將作為原始文件的活躍版本，並應隨著專案的發展逐步更新（啟用版本歷史將使你能夠輕鬆地回到過去，並讓你比較初始值與最近的更新）。這可能包括任何東西，從遇到的奇怪臭蟲、意外發現的邊緣情況，或計畫中偏離軌道之處。你原始執行計畫的第二個版本應該為任何利害關係者提供一個更細緻的畫面，以瞭解你的進展，並幫助你的團隊以更好的方式追蹤到目前為止所取得的工作成果。

舉例來說，在我們第 4 章的例子中，Smart DNA 的軟體團隊之任務是將所有 Python 2.6 環境遷移到 Python 2.7。我們將團隊執行計畫的第一個里程碑複製過來，如下。

- 創建單一的 *requirements.txt* 檔案。

    — **衡量標準**：不同的依存關係清單數；**開始**：3 個；**目標**：1 個

    — **預估時間**：2-3 週

    — **子任務**：

        — 列舉每個儲存庫使用的所有套件。

        — 審核所有的套件，並將清單縮小到只包含相應版本的必要套件。

        — 找出每個套件在 Python 2.7 中應該升級到哪個版本。

隨著軟體團隊開始在遷移上取得進展，它可能會開始在原始計畫的副本中填寫更多關於他們發現的背景資訊。我們可以在下面的計畫中看到其中的一些額外細節：

- 創建一個單一的 *requirements.txt* 文件。

  — **衡量標準**：不同的依存關係清單數；**開始**：3 個；**目標**：1 個

  — **預估時間**：2-3 週

  — **子任務**：

    — **列舉每個儲存庫使用的所有套件**。當我們開始梳理頭三個儲存庫中第一個儲存庫所使用的所有套件時，我們驚訝地發現，該程式碼仰賴於六個額外的依存關係，而它們並沒有明確地被列在各自的 *requirements.txt* 檔案中。研究人員能夠為第一個儲存庫提供更新過的清單，以及在其他兩個儲存庫的 *requirements.txt* 檔案中缺失的 10 個其他依存關係。

    — **審核所有的套件，並將清單縮小到只包含相應版本的必要套件**。值得慶幸的是，三個儲存庫使用的套件中，有 80% 是相同的。在這組套件中，只有 8 個套件的版本不同，需要進行協調。

    — **找出每個套件在 Python 2.7 中應該升級到哪個版本**。這對於最後合併集中的七個套件來說是很麻煩的。就這些套件而言，它們的 2.7 相容版本棄用了研究人員在三個儲存庫中的兩個中積極使用的一些 API 和功能。我們與研究團隊合作，在繼續進行重構之前，逐步從這些被廢棄的功能遷移出來。

一邊做一邊更新執行計畫，意味著其他人可以在專案的整個生命週期中參考它，以獲得團隊在其中每個階段所做的具體工作的更多相關資訊。在後續里程碑加入專案的任何 SME（或在重構的中途入職的任何新團隊成員）都可以透過閱讀執行計畫來瞭解團隊到目前為止的所有工作進程。如果你和我一樣，有時候你會忘記幾個月前為什麼要做某個決定，那麼對你遇到的所有事情和沿途得出的結論進行詳細的記錄，你就能夠很容易地回過頭來提醒自己到底發生了什麼，以及原因何在。

團隊經驗的詳細記錄也有助於工程師和經理在完成後回頭參考該重構。想要瞭解源碼庫如何隨著時間的推移而演變的工程師可能也會想要閱讀你的詳細計畫。對於參與你的重構的工程師來說，如果能有具體的文件指出他們在每一步中解決的高度技術性問題，那將是非常有價值的。在公司的其他地方，希望推動自己的大規模重構的工程師可能會在你的文件中尋找成功執行實質性重構的例子。

尋求資深工程師的回饋意見

在解決困難問題時，我們都會向同儕及有經驗的同事尋求建議。雖然我們可能會急切地想聽到資深工程負責人的回饋意見（並從中受益匪淺），但獲得並保持他們的關注可能相當困難。無論他們是作為 SME 從第一天開始就參與到重構中（參閱第 6 章），還是剛瞭解現況，他們對你探詢的回覆速度很可能會慢一些，因為他們在眾多專案中承擔著許多責任，異常忙碌。理想情況下，如果你能夠適當地傳達你的期望，這些人都不應該成為瓶頸。

這裡的「資深工程師（senior engineer）」指的是團隊、部門或公司內部最有經驗的個人貢獻者，不要與業界內許多專業人士所擁有的「Senior Engineer」頭銜相混淆。這些人通常擁有更大的頭銜，例如 Senior Staff、Principle Engineer 或 Distinguished Engineer。有時，他們只是在公司待最久的那些人。

向這些資深工程師負責人徵求回饋意見時，我們必須先決定我們要尋找的回饋意見之範疇。這主要有兩個原因。首先，明確定義出，我們希望同事評估問題或解決方案的哪些面向，可以確保我們不會在已經完成的部分得到意想不到、令人沮喪的回饋。第二，如此他們可以立即專注於關鍵的部分，就不用花費更多的時間與精力去評估一個更大的問題。

接著，我們要確定他們的回饋對專案的前進動力有多關鍵，也就是說，如果沒有他們的意見，你們還能繼續取得進展嗎？如果你認為沒有他們的意見，你們也可以繼續取得進展，那就明確地告訴他們。這樣一來，資深工程師就可以適當地調整優先順序，考慮公司其他工程師所提出的類似請求，轉而為他們提供所需的回饋意見。如果你相信你的團隊需要他們的意見才能繼續取得進展，那麼讓他們知道現在進度卡在他們那邊，就應該能給他們足夠的緊迫感，讓他們迅速回覆你。無論緊迫性如何，你都應該設下一些明確的期望，讓他們清楚你何時會需要他們的回饋意見，這樣就不會有人在那裡閒置等候。

如果你已經讓資深工程師知道你們急切需要他們的見解才能繼續下去，那麼就為你希望何時收到他們的回覆設定期望值，如果你還在等待回覆，那就該強硬起來了。如果他們的行事曆上沒有充斥著會議，就和他們約個時間，一對一地討論手頭的項目（請確定你的會議描述有所有相關的細節！）。如果你只需要他們幾分鐘的時間，試著去他們的辦公桌前，看看他們是否有空聊天，或在他們離開會議的時候抓住他們。面對面的時候，你很難推掉與某人的談話。

我們還需要考慮資深工程師負責人認為自己的回饋意見對專案的動力有多關鍵。如果你們雙方都認為他們的意見不是阻礙，那很好！但如果有這種可能，他們會在你沒有考慮他們的意見就向前推進時感到驚訝和不滿，你就得意識到這一點才行，如此大家的期望才會適當地統一起來。

為了實際說明這一點，假設你正在為一個新的程式庫製作原型，而這是某項大型重構的一部分工作。你的原型定義了一些基本的介面，含有一些不完整的臨時實作。你把你的修改提交給程式碼審查，並附上簡短的描述以及你團隊發展的設計文件之連結。你想從某位資深工程師那裡得到一些回饋，所以你標記了他和其他幾名隊友，想讓他們進行審核。不幸的是，你忘了告訴資深工程師，你正在尋找關於介面（而不是實作）的回饋意見，並希望在下週內合併這些變更。

幾天過去了，你的團隊成員提出了意見，但資深工程師卻沒有任何反應。你給他發了一條訊息，問他是否有機會看一下程式碼審查。他向你確認有看到了這個請求，並打算在本週結束前完成。在與你的隊友來回溝通後，你決定合併該原型，並在後續的程式碼審查中繼續反覆修改。

一天後，資深工程師打開你的程式碼審查，開始閱讀它。他立即開始對實作細節進行評論，當他意識到程式碼已經被合併時，變得越來越擔憂。現在每個人都很惱火：你惱火的是資深工程師花了太長的時間審閱你的變更，最終卻把注意力放在程式碼的錯誤面向上；他們惱火的是，他們在原來是臨時的程式碼上留下了評論，而你沒有等候他們的意見就合併了你的變更。如果從一開始就設定了正確的期望，所有的失望和誤解都是可以避免的。

獨自作業

在不幸的情況下，你必須單獨執行重構時，你需要比與團隊合作時更頻繁、更慎重地進行外部溝通。為什麼這麼說呢？你一個人工作時，很容易忘記其他人也關心你的進度。你可能會放棄使用任何專案管理軟體，而是仰賴散落在辦公桌上的一系列便利貼。你可能仍然需要參加更廣泛的團隊儀式，例如每天的站立會議或每週的同步會議，但由於你的同事對你的工作背景瞭解有限，所以在參與這些任務時，你會感到強烈的隔閡。

即使你的經理支持你的工作，你也需要想辦法讓更廣泛的同事瞭解你的工作，這包括團隊成員、組織其他部門的工程師和上層管理人員。說直接一點，除了你之外，所有人都是外部利害關係者。你應該考慮使用前面「團隊外部」一節中概述的所有技巧，並修改「團隊之內」一節中的技巧。以下是一些想法：

- 如果你仍然需要和沒有參與重構的同事一起參加日常的站立會議，可以考慮把你的更新記錄放在外部利害關係者容易看到的地方。如果沒有，你可以主持自己的非同步站立會議，寫下昨天取得的成果和今天希望達到的目標。如果你發現專案管理工具很有用，你可以利用這段時間更新你的任務，使用最適合你的任何輕量化流程。

- 如果你的團隊還在舉辦每週一次的同步會議，並鼓勵大家提交議程項目，請堅持每週至少增加一個主題。這將有助於讓你團隊中的每個人都知道你正在做的工作，並希望能藉此讓你接觸到關於你手上問題的一些不同觀點。如果你沒有每週的同步會議，考慮無論如何都要空出一個小時。你可以利用這段時間來回顧你到目前為止的工作，並更新任何文件（我發現，當我為此專門分配時間時，我更容易保持文件的最新狀態）。你也可以考慮撰寫每週的摘要報告，並貼在其他人可以輕易看到的地方。

- 安排辦公時間（office hours），任何外部利害關係者（包括來自受影響團隊的工程師）都可以來詢問有關重構的問題，或與你討論問題。這最好的節奏取決於你修改其他人的程式碼的頻率，以及這些工程師對重構的參與程度。你可以從每月兩次開始，根據需要減少或增加頻率。

始終反覆修訂

如果說你從本章中只學到一件事，那應該會是：沒有正確的單一溝通策略。每一個重構都需要不同的溝通策略，而且這些策略在專案的整個生命週期中都可能發生變化。你所建立的習慣應該由讓重構變得獨特的各個面向來塑造：你所聚集的團隊、受變更影響的工程小組，以及外部利害關係者的參與程度。

如果任何時候你發現你的習慣不再對你有好處，那就變動一下！在最好的情況下，良好的溝通習慣能讓你的團隊以可持續且穩定的步伐有效工作。在最壞的情況下，不良的溝通習慣會拉扯你團隊的後腿，主動妨礙專案的推進。如果有些事情不奏效，你試著去改變它，會比堅持可能拖慢你的習慣還要好得多。

我們的下一章將繼續以建立出模式來幫助你和你的團隊高效執行任務為主題。我們將重點介紹你的團隊可能想在整個重構發展過程中嘗試的各種想法（包括技術性的和非技術性的）。

第八章

執行的策略

紐約市地鐵（New York City subway）於 1904 年開通，是世界上歷史最悠久、使用率最高的公共運輸系統之一，平均每個工作日為接近快 600 萬名乘客提供服務。我們這些對此雜亂延伸的網路非常熟悉的人，已經發展出了許多微小的優化策略，使乘坐地鐵成為第二天性。我們在週二的深夜聆聽服務變化的公告。我們知道如何用精確的力道和角度來掃描我們的 MetroCards 以通過旋轉柵欄。對於初來乍到的人來說，我們可以分享一些簡短有力的訣竅，讓他們頭幾次的旅行不那麼緊張忙亂。

把本章想像成友好的 New Yorker 雜誌，在你開始瀏覽這個城市的地鐵系統時給你一些建議。它包含了一系列在整個重構過程中促進執行順利的技巧。我們先來談談良好的團隊建設實務。除了建立常規的溝通習慣之外，我們還有一些方法可以讓我們的隊友保持高生產力和心情愉快。接著，我們將介紹一些你在重構期間應該追蹤記錄的項目，以確保你維持在正確的軌道上，並準確地知道當你到達重構最後階段時應該關注什麼。最後，我們將討論編寫程式碼的一些策略，以便在實作的過程中牢牢控制好重構。

團隊建設

在第 6 章中，我們研究了在大型軟體專案（包括野心勃勃的重構）的背景之下，擁有強大團隊之所以很重要的幾個理由。我們主要關注的是在困難時期（例如，當專案到了平淡乏味的階段或遇到新的障礙時）擁有可靠的隊友的好處。我們沒有提到的是，合作良好的團隊更有創造力，從彼此學到的東西更多，而最終能更好更快地解決問題。就這個目標而言，你和你的隊友必須優先考慮定期參加團隊建設活動。

這裡列出的方案並不詳盡，但我相信它們是可以養成的一些最有用的習慣，能幫助你加強與隊友的關係。一旦你培養出這些習慣，它們就會成為第二天性，一定會讓重構順利進行。

結對程式設計

結對程式設計（pair programming）是很好的團隊建設工具。共同解決問題為參與者提供了很好的機會，讓他們在一個協作、低風險的環境中學習彼此的優勢（和弱點）。如果你的團隊還沒有太多合作的經驗，可以考慮鼓勵他們在專案開始時就在少量的任務上進行結對。儘早開始是很重要的，一個新的專案不僅給了你獨一無二的機會，讓你從一開始就養成良好的習慣，而且早點瞭解你的隊友的能力，可以幫助專案有正確的開端，並繼續有效率地向前推進。

更為實際的是，結對程式設計也是隊友向隊友傳遞知識的好方法。獨自理解給定系統的一或多個元件的工程師是你的專案的弱點所在，你的公司作為一個整體也經常是如此。在許多情況下，這些工程師可能會覺得自己無法請假或完全脫離工作幾天，因為擔心系統中只有他們懂的部分出現緊急情況時需要他們。為了確保你的團隊中沒有任何一個開發人員是知識孤島，你可以設置結對的工作時段，以此來將他們的專業知識傳授給團隊中的其他人。如果重構的任何面向出現問題，將知識均勻地分配給團隊中的每一位成員，可以減輕任何一位開發人員的負擔。

結對也是除錯或解決一個困難或抽象問題的好方法。我們說兩個腦袋比一個腦袋好是有原因的：藉由讓兩名工程師思考同一個問題，你們更有可能想出更多樣的解決方案，更快找出一個運作良好的方案。積極的來回交流有助於你們正面解決分歧，更有效地完善你的解決方案。當你們一起解決問題，你們最終所犯的錯會減少。事實上，猶他大學（University of Utah，*https://oreil.ly/yA75W*）的研究表明，結對編寫的程式碼會減少15% 的臭蟲。最後，你們更不容易分心，因為你們都投入了時間和精力來共同解決一個問題，大聲地推理問題，所以檢查電子郵件或給別人發訊息的誘惑力就會減少。

兩人一組的重構特別有效，因為一個人在打字時，另一個人可以更自由地去思考大局。重構時，在試著解讀往往令人困惑的舊有程式碼的過程中，人們很容易陷入細節。與你結對的搭檔可以幫助你重新專注於更大的目標，並透過進一步思考問題，指出你在開發過程中早期可能遭遇的任何陷阱。

然而，結對程式設計並非沒有缺點。涉及到探究一個問題或學習新的東西（例如，使用一個框架、採用一項工具、學習一種程式設計語言）時，某些工程師，包括我，更喜歡自己動手。我發現，第一次學習時若是自行摸索，我能夠更好地保留重要的概念。對於那些定義明確且相對簡單的問題，結對並不是一個特別有生產力的方法，雖然機會不高，但你或許能夠更快地解決任務，並產出一個錯誤較少的結果，不過因為一個簡單的任務就綁住兩名工程師的時間，並不一定是善用你團隊資源的最佳方式。

兩人一組對那兩個人來說也是一項耗費精力的任務。需要在持續的時間內闡述自己的思考過程，比自己靜下心來、在腦中推理問題要多耗費不少精力。結對工作時段結束時，你可能需要休息一下，換個檔以充電。對於那些不擅長口語溝通的開發者來說，結對工作特別具有挑戰性，這使得任何的結對程式設計練習都感覺像是件苦差事。這就是為什麼在提倡結對時要注意到團隊中每一個人的能力和喜好的原因。

在注意缺點的情況下，以下是如何在你的團隊中實行配對的一些建議。

鼓勵結對，但不要強制執行

你的團隊中可能有些成員是結對程式設計的忠實擁護者，而其他成員則不是。透過突顯它的好處並強調你對這種做法的支持，你將有望說服那些在猶豫不決（或從未嘗試過）的人去試試看（希望在嘗試過後，他們會熱切想要重複這種做法）。另一方面，強迫那些不喜歡結對的人配對，可能是災難性的配方，他們可能會逐漸對團隊和專案產生反感，導致他們另尋出路。

將具有相似經驗水平的工程師配對

除非你把結對程式設計作為向新手傳授一些特定知識的工具，否則你最好把技能相近的工程師配對起來。在解決一個難題或除錯一個問題時，水準相近的開發人員不太可能因為對方缺乏經驗而感到挫折。如果你們的技術能力水準相當，你們會更有效地相互交流想法。

為結對工作安排時間

因為配對程式設計可能會讓人感到吃力，所以為此工作階段設定一個明確的截止時間（根據需要進行休息）是很重要的。先從一個小時開始，如果快要結束之前，你還有精力（和時間）繼續下去，就把你的工作時段再延長一個小時。讓彼此有喊停的機會，你不希望結對的時間超過你們任何一方的能力，冒著降低結對工作效率的不必要風險繼續下去。

讓每個人都保持動力

在第 4 章中，我們討論如何建立一個焦點明確、適當平衡過的執行計畫，讓團隊有足夠的彈性來防止精疲力竭。我們可以進一步確保我們的團隊在整個漫長的大規模重構過程中能保持積極性，方法是花時間表彰我們的團隊成員，並慶祝我們一路走來的成就。你的團隊不需要大量的預算來購買品牌馬克杯，也不需要參加令人垂涎的場外活動，就可以在整個團隊中建立有意義的聯繫，或者突顯團隊的貢獻。有很多簡單而有效的方法可以讓大家保持高昂的士氣。

激勵個人

首先，我們要考慮如何保持個人的動力。我們提高隊友積極性的一個較有說服力的方法是，讓他們有機會以一種最能發揮他們獨有絕技和能力的方式為重構做出貢獻。如果你的隊友在重構的過程中，覺得自己分配到的工作很有意義，那麼他們就會更開心（也可能更有成效）。如果你的隊友正在尋找成長的機會，不管是開發一項新的技術性技能，還是監督專案中較為重要的部分，你都要盡力讓他們獲得這些機會。記住你在第 6 章中是如何拉攏這位隊友加入你的工作的，你要讓他們有機會得到更大的知名度或責任（甚至可能是晉升的機會）。

若有可能，賦予你隊友選擇工作時間、地點和方式的彈性。不是每個人都適合每天從早上 9 點工作到下午 5 點，附帶半小時的午餐時間。有些人可能更喜歡在黎明時分來到辦公室，然後下午早些時候離開。還有的人可能只在上午中旬進辦公室，下午接孩子，晚飯後收工。如果你能照顧到你團隊成員的各種時程，同時繼續保持良好的溝通（參閱第 7 章），他們不僅會感激你，而且很可能整體上會更有成效！

認可個別團隊成員的獨特貢獻是保持他們積極性的好方法。藉由向他們展示你和你團隊其他成員都感謝他們的辛勤工作，你再次確認他們做的是正確的事情，鼓勵他們繼續前進，並培養團隊的歸屬感。表揚可以採取任何形式：可能是藉由部門或公司範圍內一個正式獎勵，也可以是簡單的手寫紙條。要留意你的團隊成員喜歡的認可方式。雖然有些人喜歡在全員大會上聽到自己的名字，但有些人則對公開表揚感到害羞。以錯誤的形式進行表彰，最好的情況是效果不大，最壞的情況是徹底失敗。有時，一封貼心的電子郵件或熱情讚揚的同儕評價就足夠了。

你的經理在協助建立認可整個團隊的方法上，可能是一大資產（如果你希望為計畫舉辦的任何活動獲得預算，你大概就需要他們的支援）。即便如此，讓團隊表彰隊友有獨特的價值存在。

舉例來說，你可以組織一個輕量化的「本週優勝（Win of the Week）」傳統。團隊藉此獲得一個小獎盃（或從隊友的辦公桌上可以清楚看到的任何物品），並挑選某人來表彰他在前一週所做的出色工作。這可以是任何事情，從介入幫忙解決一個棘手的臭蟲，或為給定的某個補丁寫出很合適的描述。在下一週，獲勝者會選出下一任獲勝者，並將獎盃傳遞下去。這個傳統會一直持續到專案完成或團隊選擇結束它為止。

激勵團隊

接著，我們來看看保持團隊整體積極性的有用方法。有個近乎萬無一失的方法是把它變成一種遊戲，讓每個人對做出絕佳工作感到興奮。透過將重構中比較乏味的部分遊戲化，你可能會發現你的團隊成員渴望完成任務，並更快地朝著里程碑前進。一個好例子可能是簡單的 Bingo（賓果）遊戲。找出你的團隊在重構當前里程碑期間可以做出的小而重要的貢獻，並將它們放入 Bingo 遊戲表生成工具中。這些貢獻可以是很簡單的，比如與某人結對解決一個難題，或者完成 10 次的程式碼審查。你可以列印出遊戲表，然後分發給你的團隊，並為獲勝者提供一個小獎品。

將任何數量的任務遊戲化時，要注意不要煽動過多的競爭。雖然這可以是很好的激勵因素，但如果失控，你會有引發衝突的風險，並看到士氣和團隊合作的衰退。將團隊合作的不同面向刻意融入到遊戲中，這將鼓勵大家拉攏身邊的人，進一步鞏固你的團隊。在大規模重構的情況下，馬虎執行的空間非常小（如果有的話），所以你也要注意到，主要激勵的應該是工作品質，而非完成度。如果你把重點放在到達終點線上，你的隊友可能會為了更快地達到終點而偷工減料。

規劃大專案里程碑中較小的子任務之預估時間時，考慮將部分過程遊戲化。讓團隊中的每個成員按照 *The Price is Right* 規則（即最接近而不超過），提交他們對何時會達到目標指標的最佳猜測。當你們達到指標時，在下一次團隊會議上以掌聲揭曉獲獎者的名字。每個人都會從試著一次猜到正解中得到樂趣，而且隨著時間的推移，你們的預估時間可能會變得更好！

最後，記得在整個專案中，特別是在結束重要的里程碑之後，舉辦一兩次聚會來慶祝你團隊的成就。慶祝的時光有助於建立持續的參與度和維持良好的士氣。如果團隊從來沒有機會按下暫停鍵並慶祝彼此的努力，那麼你的重構將開始感覺像一場無休止的鼠競循環（rat race）。規劃出一些時間，以任何一種最有效的方式將大家聚集在一起，無論是團隊聚餐還是下午茶餐會。你們都會很感激能抽出時間來回顧自己的成就。

做下記錄

在執行重構的過程中，經常檢查進度，並對重大發現進行記錄是很重要的。藉由經常測量和反思，你會更有信心專案的方向是正確的，並減少你的團隊在重構的最後階段忘記一些重要東西的可能性。一定要繼續更新你的執行計畫的活躍版本（living version），在第 141 頁「執行計畫」一節中所討論的，加上專案中期的更新資訊。

中間指標的測量

在第 3 章中，我們檢視了一些不同的方法來描述我們透過重構要解決的問題。然後，我們使用這些指標來為我們的執行計畫提供資訊，並進一步將專案分解為各個里程碑，每個里程碑都有自己的一套指標。我們在積極執行重構的同時，不應該忽視這些目標，以免偏離方向。每一個雄心勃勃的軟體專案，都潛伏著重大而危險的機會，很容易出現範圍蔓延（scope creep）的現象。

藉由每週（或每兩週）測量團隊在每個中間指標上的進展，你們就會負起責任，推進你們識別出最重要的目標。透過頻繁的檢查，團隊不太可能屈服於任何附帶任務的誘惑，從而使專案範圍得以擴大。定期檢查也可以讓你有能力評估自己的速度。如果每個人都專注於正確的任務，但連續幾週的指標都沒有什麼正面的變化，那顯然是有問題的。也許團隊無法取得實質性的進展，是因為持續遭遇一些困難的臭蟲，或是那些指標並非傳達你團隊貢獻的理想候選。無論潛在的困境是什麼，當你開始注意到你的指標再次發生良好變化時，你就會知道你成功地解決了它。

揭露的臭蟲

無論你重構背後的動機是否為找出並修復系統性的臭蟲，在整個工作過程中，你一定會遇到一些缺陷。對於每個臭蟲，不管你決定如何處理它（修復與否），你都應該記錄下它在專案中的哪個時間點被發現、它產生的條件（便於重現），以及因此而採取的行動。在重構的背景之下面對一個臭蟲時，通常有兩種選擇，第一種是修復這個臭蟲，另一種是重新實作。

考慮一下你的團隊修復臭蟲的情況。如果作為重構的結果，修復起來簡單又乾淨，那麼就有一個可以快速參考的例子來證明重構的功效，方便向利害關係者展示或與同儕分享。有時候，只需一兩個棘手又有詳盡記錄的臭蟲，就能讓最初對重構持觀望態度的人相信，重構是非常值得的。另一方面，如果你的團隊將臭蟲移植到重構中，你就得準確地知道在哪裡可以找到它，以及如何重現它，以進行修復或將它交給適當的團隊來製作補丁。

修復或不修復

在決定是否修復重構過程中遇到的臭蟲時，有很多因素需要考量。首先，如果完全複製原始行為，包括臭蟲和所有其他功能，那麼驗證重構是否準確地複製原始行為就容易得多。在重構一段程式碼的同時修復一個臭蟲，我們就決定性地偏離了參考行為。現在，我們不僅得在進行任何形式的完整迴歸測試時考慮到已修復的臭蟲，而且也會因為臭蟲的修復而引入全新的臭蟲或意外的行為。

大規模重構時，我們經常會發現自己深陷在不熟悉的程式碼中。我們認為是臭蟲的東西很有可能並不是。即使我們諮詢了負責該功能的團隊，並確認存在缺陷，我們也可能沒有必要的背景來修復它，而負責該功能的團隊可能不願意一頭栽進重構中。即便如此，現在就修復臭蟲能更快地給用戶帶來快樂，並讓你的重構方案更加正確。在問題剛出現時，主動修復問題有一定的便利性存在。

我的建議是編寫失敗的單元測試，以突顯這個臭蟲。與受影響功能的負責團隊取得聯繫，並與他們分享你的測試。與團隊討論重現該臭蟲的條件。如果團隊認為這是預期的行為，就取消測試，繼續重構。如果缺陷真實存在，就讓該團隊決定修復的優先順序。如果它的優先順序很高，讓團隊**先**修復這個缺陷，再使用你們編寫的單元測試來確認行為現在如預期運作。然後，一旦臭蟲修復完成，而且單元測試通過了，就將該修復措施納入到重構過的程式碼的其餘部分。

清除項目

在第 87 頁的「清理人為構造」一節中,我們探討了在執行計畫中加入另一個階段來清理重構過程中產生的人為構造(artifacts)有多重要。每一次重構都應該優先考慮讓源碼庫處於井然有序的狀態,以便於其他開發人員使用,畢竟,大型重構的實質性動機之一通常就是讓源碼庫更容易使用。雖然在編寫第一行程式碼之前,我們可能就已經對整個專案中要產生的人為構造之種類有了適度的直覺,但無疑會有各式各樣的構造是我們隨手創建的。

無論你是打算在當前里程碑結束時處理這些雜亂的東西,還是只在專案的最後階段處理,都要追蹤所有需要整理的東西。捨棄某段程式碼時,立即更新你的清單是很重要的,如此,一旦你到達清理階段,就能確保有刪除每個相關的人為構造。與新重構的程式碼互動的工程師會對有秩序的體驗心存感激的。

 就像廚師會建議你在準備飯菜時,用完鍋碗瓢盆時一併清理它們一樣,我建議隨著重構的進展,不斷地進行清理。在決定捨棄程式碼之後,很快就將其刪除,這會容易得多(也安全得多)。在這個階段,你對新捨棄的程式碼和重構的剩餘部分之間的無數互動還記憶猶新,你很有可能在清除這些程式碼時犯下更少的錯誤。

範圍外的項目

幾乎你團隊中的每一名工程師都會在重構的生命週期中遇到一些擴展範圍的機會。顯然,如果每個人都能抵制住誘惑,你的專案將更有機會在重要的截止日期前完成,但這些機會性的擴展不應該直接被忽略。考慮保留一份清單,列出你遇到的專案擴展機會。擁有簡明扼要的一組衍生專案可以證明你的重構是多功能性的。若有很多不同的方式可以藉由專案推進的動力繼續改善源碼庫,你的利害關係者(以及同儕)將更有可能相信重構是一項有價值的工作。如果你自己的團隊(或公司的任何其他團隊)希望奠基於重構的基礎上,在完成重構後,繼續對源碼庫進行漸進式改善,他們可以從這個清單中找出一些專案,並立即推動它們。

有生產力的程式設計

你可以採納一些有用的策略，讓你自己和團隊成員都能更愉快地進行漫長的重構。大型軟體專案的開發並不總是棘手的，事實上，編寫全新的東西時，可能只有少數幾個困難的操作，其中大部分只有在將功能嵌入現有源碼庫時才需要。另一方面，如果需要為重構編寫大量的程式碼，其中大部分都是現有行為的複製，它需要精心設計，並與其原有的實作巧妙地整合。費盡心思的程序失敗的機會大大增加。希望你能藉由遵循本節描述的技巧，學會成功駕馭重構的發展過程。

製作原型

當我們開始為第 4 章中的重構起草計畫時，我們的目標是達到正確的詳細程度。我們希望計畫能讓重要的利害關係者感到友善，因為他們可能對技術細節並不十分熟悉，但又足夠具體，以便我們能正確地告知團隊專案的情況，並毫不含糊地開始執行。在計畫刻意保持模糊的階段，是製作原型（prototyping）的絕佳機會。

如果你遵守兩個重要的原則，早期和頻繁的製作原型，可以幫助你的團隊最終行進得更快：

知道你的解決方案不會是完美的

專注打造一個整體效果良好的解決方案，注意不要花太多時間完善細節。請記住，即使我們花了幾個小時試圖設計出理想的解決方案，但未來需求的變化可能會使它過時（我們在第 2 章中看到了一些具體的例子）。一個好的解決方案能夠有效解決最重要的問題，並且允許在以後有相當大的彈性。

願意扔掉程式碼

如果我們花了一兩週的時間寫出的解決方案根本無效，就把能用的部分拿出來，剩下的扔掉，重新開始。製作原型就是要嘗試一些東西，從這個經驗中學習，然後再次開始。

讓我們考慮一個重構：你的團隊想把一個臃腫的類別拆成幾個不同的元件。你的團隊提出了一個初步的設計，將其主要職責劃分為三個新的類別，但還有一些儘管重要但算是次要的職責還沒有分配給任何一個類別。在這個過程的早期，你並沒有全心全意地投入到一個解決方案中，而是決定將幾個選項做成原型，在源碼庫有說明作用的幾個部分嘗試新類別的合適性。有了這些原型，你的團隊就能決定哪些是可行的，哪些是不可行的，並找出一個能與源碼庫其餘部分很好地整合的解決方案。

維持小體積

在大型的表面區域上進行大刀闊斧的修改時，我們很容易被衝昏頭腦。比如說，我們需要將一個函式 pre_refactor_impl 的所有呼叫地點（callsites）遷移到一個新函式 post_refactor_impl。在整個源碼庫中，大約有 300 個 pre_refactor_impl 的實例，跨越了超過 80 個檔案。你可以做簡單的搜尋和取代，把所有的更動歸納為單一次提交（commit），然後把補丁提送給隊友審查。如果遷移是相當簡單的，雖然只創建單一的變更集可能看起來更方便，但有幾個嚴重的缺點存在。

首先，提交漸進式的小型變更，更容易撰寫出優良的程式碼。藉由推送出小體積的提交，你可以儘早並頻繁地從你的工具（例如，透過持續整合在伺服器上執行的整合測試）獲得相關回饋。如果你不常推送廣泛的修改，你就有可能需要去修復一大堆的測試失敗。每次提交的修改數越多，發生串聯測試失敗的可能性就越大，修復一個錯誤只會暴露出另一個錯誤。維持小體積的提交，最終能使你更加瞭解它們的影響，並更快修復任何失敗的測試。手動驗證變更時也是如此。

其次，還原一個小型提交比還原一個大型提交要容易得多。無論是在開發過程中，還是在程式碼部署之後，如果出了問題，還原小型提交能讓你小心翼翼地只提取出錯誤的修改。

第三，由於簡潔的提交往往足夠集中，你也能寫出更好、更精確的提交訊息。有了更好的提交訊息，你不僅能更快地找到一組特定的修改，你的隊友之後快速看過版本歷史時，也能更好地理解它們（微小的提交通常也能更快得到審核和批准！）

最後，隊友幾乎不可能充分審查修改後的全部程式碼。雖然組織不應該仰賴程式碼審查來捕捉臭蟲（而是依靠徹底和認真的測試），但如果測試涵蓋率不足，捕捉潛在錯誤的責任就落在了審查者身上。從表面上看，這些變更看似很容易驗證，但是在審核了其中的幾個變更之後，除非我們保持堅定不移的注意力，否則我們發現差異的能力就會減弱。如果將大型的變更集拆分成邏輯上有條理的簡練提交，那麼審查起來就容易多了。

重構時，你會想要盡可能保持原有的版本歷史。考慮使用 git mv 這樣的操作來移動檔案，而不是刪除它們再加回去。在你的提交描述中明確指出，這個變更是一個更大的重構的一部分，這樣工程師在找尋潛在的程式碼所有者時，就知道要如何深入挖掘提交歷史。在為審核你程式碼的隊友撰寫說明時，要做一個體貼的隊友。編寫一份詳盡的描述，概述審查人員應該預期在變更集中找到什麼內容，以及任何必要的背景資訊。

測試、測試、測試

由於重構涉及到逐步重新實作現有行為，所以我們需要確定這些變更沒有修改到預期的行為。在實務上，驗證沒有任何改變通常要比相反的情況困難得多，因此在重構時，漸進式的反覆測試就顯得特別重要。透過頻繁地重新執行單元測試、整合測試或進行手動測試，我們可以確認所有的東西都沒有受到影響，或者精確地指出行為分歧的確切時刻。

 在你開始修改任何一段程式碼之前，請確認它是否有巧妙、清晰的單元測試。可能已經有一些的測試來斷言行為，但你應該花時間確定是否有缺少任何額外的情況。如果測試太粗略（例如，只測試一個頂層函式的流程，而沒有對任何一個單獨的輔助函式進行測試），就把它們拆開。細微的測試，就像微小的提交一樣，將幫助你儘早縮小問題範圍。

提出「愚蠢」的問題

我們都參加過這樣的會議：會議上，我們和一群資深工程師坐在一起，討論一項我們不太理解的技術或產品功能。起初，似乎每個人都跟得上，在由少數人主導的討論過程中頻頻點頭。我們很困惑，但又擔心自己會顯得沒做好準備，不敢提出任何澄清疑慮的問題。這類會議通常會往兩種方向前進。第一種是我們繼續靜靜地坐著，用剩下的時間試圖拼湊一切，無法為對話做出有意義的貢獻。第二種是別人插嘴，禮貌地問出我們不好意思問的問題。我們感恩隊友的好奇心（幸好我們不是一個人），而且我們能夠很快地回到正軌和大家一起討論。

我們不能總是指望好奇心強的隊友提出相同的問題，也不應該滿足於浪費時間坐在會議上或閱讀郵件串，持續疑問著到底在討論什麼。所以，我提出第三種方向，也就是你站起來，單純提出那個「愚蠢」的問題。透過優先考慮清晰性而不是維持大家都懂的假像，你正在為你的團隊樹立重要的行為模式。你強化了「事實上沒有一個問題是愚蠢的」這一點，最重要的是確保每個人都站在同一戰線上。你會有更多富有成效的討論和更少的誤解，並更快地開始解決正確的問題。

大規模重構一些東西時，因為更動的表面積可能相當大，所以你很有可能會接觸到源碼庫你不熟悉的部分。不害怕找出這些領域的專家，並向他們請教，是很重要的。無論你是需要一個簡短的解釋，還是更深入的帶頭演練，都必須對你尋求修改的程式碼建立深刻的理解。你不僅可以節省開發時間，並在重構時引入更少的臭蟲，你還將擁有必要的洞察力，以最適合程式碼的方式進行重構。

結語

一旦你推動了最後的幾次提交，並整理好了一切，你就準備好接受最後一項重要的任務了。你需要找到讓你所有的努力長期堅持下去的方法。我們的下一章將探討你的團隊可以採取的幾個重要步驟，以確保你的源碼庫不會慢慢倒退到以前的狀態。

第九章

穩定重構

一年多前，我的一位名叫 Tim 的朋友決定完全停止食用糖，以幫助他減掉一些討厭的體重，並重新獲得更多的能量。第一週很辛苦，他感到無精打采，渴望任何甜的東西，但到第三週結束時，糖的戒斷症狀已經減弱，他又開始感到活潑開朗。不久之後，新的飲食習慣的好處開始悄然顯現：他感覺整個工作日都更加清醒，而體重也減輕了幾磅。

此後，堅持這個飲食習慣是他最大的挑戰。Tim 曾看過他的朋友們嘗試但無法堅持下去，所以他知道，他需要為自己設定切實的期望。為了消除誘惑，他在公寓裡排除了任何甜食。他定期撰寫食物日誌，讓自己對自己負責，但允許自己在與朋友見面時偶爾吃點甜的。旅程開始兩個月後，他的伴侶也加入了他的無糖之旅，他們彼此都能更好地支持和鼓勵對方。如今，Tim 的健康狀況好了很多，他的精力水平也只有他的小狗可以媲美。

重構有點像採用新的飲食習慣並堅持下去。雖然看起來最大的挑戰是想出要做的變更並實施它，但要確保改變持續下去，同樣需要付出巨大的努力。在本章中，我們將探討我們可以採用的各種工具和實務做法，以確保我們透過規模化重構所得到的改善效果盡可能持久。我們將探討如何鼓勵整個組織的工程師接受重構所確立的模式，以及如何使用持續整合（continuous integration）來繼續促進它們的採用。我們將討論藉由重構後的巡迴演示來教育其他工程師的重要性。最後，我們會討論如何將漸進式的改善融入到工程文化中，從而在不久的將來，希望能減少所需的大規模重構次數。

促進採用率

很多時候，為數眾多的工程師會需要與你的重構進行互動。你需要這些工程師對重構及其確立之模式的支援，原因有二。

第一是確保它所引入的變化能夠長期存在。擴張性的重構可能會造成兩極分化，經常，在員工數不算少的任何一家公司內，對於所選的設計，既會有狂熱的支持者，也會有反對者存在。如果設計的反對者拒絕按照新的設計或模式編寫新的程式碼，他們就會想方設法避免那麼做，並在你的團隊所做的變更和他們自己的程式碼之間的邊界處產生新的殘缺品。最終，這種積累可能會使重構的所有好處幾乎都失去意義。

即使你計畫並執行了一次高品質的重構，也不是每個人都會理解或同意你的願景。對於工程團隊的新人來說，重構試圖解決的問題可能並不是十分清楚。當工程師同事沒有必要的背景資訊來正確理解重構的結果時，他們在重構的周邊工作時可能會很吃力。他們有可能會錯誤地實作它所引入的新模式，或者在程式碼將大大受益於這些模式的情況下，根本就沒有使用它們。

你需要工程師支援的第二個原因是，為了讓重構所建立的模式進一步滲透到整個源碼庫中。你不僅希望你引入的變更能夠保留下來，還希望它們能夠在未來幾個月，也許是幾年內，為在源碼庫中工作的工程師所做之決策提供參考。考慮一個簡單的比喻：重構就像給一個被雜草佔領的菜園除草、翻開土壤，然後種上幾棵青蔥。維護這幾根青蔥是我們的首要目標，鼓勵家庭成員在新補充的土壤中種植自己的其他蔬菜是我們的次要目標。

舉例來說，一個團隊正在重構源碼庫中廣泛使用的主要日誌程式庫（logging library），在工程師不小心將 PII（personally identifiable information，可識別身分的個人資訊）洩露到他們的資料處理管線中，導致多起事故發生後，當務之急就是改寫該程式庫的主要介面，拒絕任意的字串。如果開發人員想記錄一個新的欄位，或創建一個新的日誌類型，他們現在必須在日誌程式庫中註冊它，然後再據此使用它。團隊決定不更換現有日誌程式庫中的每一個單獨的呼叫地點，而是將重構範圍縮小，單純修改現有程式庫的邏輯，呼叫新的程式庫。

公司的一些工程師不願意失去能夠記錄任意字串所帶來的彈性。新來的工程師，因為之前待的公司的日誌功能更加靈活，可能也會困惑為什麼一個新的日誌框架會特意引入這些限制。如果不向這些工程師適當地傳達你的動機，並與他們一同處理他們的挫折感，你就有可能放任他們找到奇特的方法來繞過新日誌程式庫中內建的保護措施，從而進一步增加 PII 再次洩露到資料處理管線中的風險。

即使工程師們接受了重構帶來的變化，他們也可能不贊成積極地將現有的呼叫地點轉換為直接使用新程式庫。他們也可能對在新程式庫中添加新的日誌欄位和類型毫無興趣，而是選擇將現有的欄位和類型用於更廣泛的日誌，從而降低其特殊性。藉由讓擴展日誌庫變得極其容易，然後教工程師如何做，你將會減輕他們過渡期的痛苦，並希望增加新程式庫在整個源碼庫中的整體使用率。

雖然我們有很多方法可以鼓勵在整個工程組織中採用重構，但根據我的經驗，以下方法是最有效的。首先是**建置符合人體工學的介面**（*ergonomic interfaces*），讓工程師在與新重構的程式碼互動時使用。這些介面應該在專案執行的早期就被定義，並在整個開發過程中進一步加以完善。你應該從你隊友和整個工程組織中值得信賴的同事那裡收集回饋意見，瞭解如何使重構和源碼庫其餘部分之間的邊界更加符合人體工學。如果你們已經結束了重構，但還沒有與他們未來的使用者充分審核你的介面，請與幾個來自不同產品領域的工程師成立一個研討會，與他們一起對介面進行反覆修訂。

我們將在本章仔細研究的方法在重構後最為有效。這些方法包括使用你製作的文件向工程師們**傳授**重構的知識，而最後，仔細**鞏固**重構所引入的新模式之使用方式，以鼓勵他們繼續採用。

教育

有兩種主要的方法可以讓其他人瞭解你的重構。第一種是主動式的，這包括規劃和舉辦研討會或類似的培訓，讓工程師積極參與。第二種是被動式的，這包括工程師可以自己一步步走過的教程，或者透過你公司學習平台提供的短期線上課程。

主動教育

其他幾個團隊的工程師經常使用的源碼庫關鍵部分，也受到重構影響時，主動教育是最重要的。習慣現有的一套模式的工程師會需要去熟悉一種全新的做事方式。

研討會

要確保工程師能夠有效使用重構後的程式碼，最佳方法之一就是在論壇上與他們交流，要求他們透過程式碼範例進行互動，並在學習如何與重構介接時提出問題。舉辦研討會的一個重要好處是，鼓勵忙碌的工程師刻意留出時間來跟上進度；我們中的一些人參與了太多不同的任務，若沒這樣做，我們永遠不會設法優先去瞭解關於重構的資訊。

主動教育工程師如何與重構介接的時機是在重構剛剛完成後。你不會希望工程師來學習新程式碼和模式時，程式碼還在變化中，或者它還沒有完全清理並準備好讓不熟悉重構細節的人使用。在安排你的第一次研討會之前，花點時間驗證一下一切是否正常。最好的辦法是，在向同事開放之前，與你的團隊一起排演一下研討會，以消除任何小問題。

這些會議不應該是一直都在舉行的。理想的情況是，在幾個月內，多數受重構影響最大的工程師都應該已經很熟悉它了。到了那時，重構後的程式碼就會成為新的常態，而要求幫忙理解它的需求應該會大大減少。可以考慮只舉辦兩到三次研討會，並留意興趣程度和後續的出席率。現場培訓儘管可能很吸引人，但對你的團隊來說非常耗時，應該只舉行少數幾場就夠了。如果幾次培訓後需求仍繼續出現，你可能需要投入資源改善你的說明文件，並更加仰賴它。

實務上，因為幾乎每位工程師都會在他們的常規工作流程中使用日誌功能，所以我們之前的例子將是培訓課程的完美候選。這裡是它的結構：

1. 快速概述重構的目標。為了有效傳達它的影響，並激勵你的同事運用它，試著透過最引人注目的例子來進行說明。例如，對於日誌程式庫，你可以展示一些誤導性的記錄述句（log statements），並講解它們如何是過去幾個月裡洩露 PII 的罪魁禍首。然後，演示如何使用新的日誌程式庫來完全防止這些資訊被洩露。

2. 接下來，為了鞏固這些概念，將與會者成對分組，並要求他們將相同的簡單記錄述句遷移為使用新程式庫。回答過程中出現的任何問題。這裡可能有不止一種解決方案，如果有，讓結對者解釋他們各自的解決方案。

3. 最後，讓各組選擇一個比較複雜的記錄述句進行遷移，最好是需要擴展日誌程式庫的述句（透過添加新的日誌類型或欄位類型）。對每個小組進行檢查，並回答他們可能有的任何問題。

辦公時間

辦公時間（office hours）對於主動教育你同事而言，同樣是一種實用的討論場合。它們為工程師提供了一個開放的機會，可以向你和你的團隊提出關於重構的問題，以及在他們的特定用例中採用重構的問題。並非每個與您的重構進行互動的人都有時間（或興趣）參加研討會。在辦公時間內，他們可以得到你團隊全神貫注的講解，這將使他們在採用重構所實作的變更時，有更正面的體驗。此外，之前參加過研討會的人也可以在必要時來這裡得到額外的指導。

排定辦公時間的好處之一是，它使你的團隊能夠將回答重構相關問題的時間以固定時段計算。只要重構一結束，你的團隊可能就會開始受到來自全公司同事的請求之轟炸。如果你不審慎安排時間，這些問題很容易壟斷你的注意力（更別提頻繁切換思緒會如何擾亂你的一天了）。藉由將所有非緊急的請求集中導向到你的辦公時間，你可以保護你團隊的時間和注意力。

記錄你的團隊在這些辦公時間內解決的問題和疑慮，並用它們來編寫一份 FAQ。這份說明文件將幫助你的團隊節省寶貴的時間，不用在辦公時間和其他時間重複回答相同的問題。

工程聚會

許多工程小組會定期舉辦公開論壇（例如，週四下午的 Drinks and Demos，或者兩週一次的 Lunch and Learn），工程師可以在論壇上介紹他們正在進行的工作。大型重構專案經常會發生一些有趣的故事：團隊發現的令人匪夷所思、埋藏在深處的臭蟲；與最後一次修改是在 15 年前的程式碼的可怕遭遇；部署出錯等。我們大多數人都真心喜歡聽對方講述自己在共享的程式碼中所經歷的事情，而且我們往往會對那些特別好的故事記憶猶新。

為你的同事們做一場簡短的演講，講述重構中引人入勝的部分，讓他們注意到這個專案，並有興趣瞭解它的動機以及他們如何在自己的源碼庫領域中因此受益。有時候，說些有趣的故事就是獲得你工程師同事們支援所需的所有宣傳。

被動教育

在第 7 章中，我們討論了說明文件的重要性：不僅是在整個重構過程中製作詳盡文件的重要性，還有選擇一種對你團隊很有效的媒介及組織方法的重要性。一旦你到了重構的最後階段，你的團隊應該優先製作說明文件，描述重構的意圖，以及它如何使在同一源碼庫中工作的其他工程師受益。根據我們在第 7 章中的討論，你或你團隊製作的任何說明文件都應該被添加到你的「真相來源（source-of-truth）」目錄中。

這些文件可以有多種形式：它可以是一個 FAQ、提供專案目標高階總結的一份簡短 README，或者是一個教程（tutorial）。有了你可以引導好奇的工程師前往參考的說明文件，能幫助你的團隊節省回答問題的時間。正如之前在前面「辦公時間」一節中提到的，你的團隊很可能需要回答整個公司的同事所提出的大量問題。你的團隊不需要單獨回答每個人的問題，而是指引他們前往參考準備好的說明文件。

如果你打算撰寫如何導覽重構後的源碼庫的指南，我建議從歷史的觀點來寫，也就是說，要以重構的故事為基礎，從最初開始，並以目前的狀態作為總結。透過這樣的角度來討論重構，你可以防止你的說明文件很快變得過時。只要有可能，就添加日期來為讀者提供適當的背景資訊（即使是以年這樣寬廣的單位，可能就足夠了）。以我們的日誌範例來說明這一點。

1. 首先為讀者提供你和你的團隊在尋求改進程式碼之前，花時間去瞭解程式碼為什麼會退化所得到的見解（參閱第 2 章）。就我們的日誌程式庫而言，首先要概述最初的設計，以及導向該設計的決策。談談作者是如何希望這個程式庫是輕量化、易於使用，並允許任何人便利地（但謹慎地）記錄任何東西。

2. 討論隨著產品變得越來越複雜，越來越多的工程師加入團隊，PII 洩露的風險是如何增加的。列出最近發生的嚴重洩密事件，證明最近幾個月的頻率越來越高。

3. 描述你的解決方案，以及它是如何抑制 PII 洩露的。在相同的記錄述句中分別使用以前的日誌程式庫和新的程式庫，以相互對比。試著避免使用「現在」、「目前」或「今天」等詞語。雖然你可能從你的角度概述了程式碼目前的功能，但程式碼很有可能會繼續演進。藉由在你的解釋前加上像是「截至 2020 年 9 月」這樣的描述，而非單純使用「今天」，你就是在為你說明文件的未來做好準備。

強化

正向強化（positive reinforcement）是一種強大的工具。無論與專案的距離有多近，整個公司的開發人員都需要被提醒它所確立的模式（而且可能不止一次）。在此，我們有兩個更廣的選擇。你可以採用我們在第 150 頁「激勵個人」中介紹的許多激勵策略，來表彰那些在採用你重構所確立之模式方面做得很好的工程師。看到你的同事因為他們的貢獻而被公開表揚，可以促使更多開發人員迅速增加採用率。

第二個選擇是在開發過程中用持續整合（continuous integration）來進行自動強化。透過持續整合，我們可以在作者推送出新的提交、表示他們的程式碼已經準備好接受審查，或者準備將他們的變更與主開發分支合併時，啟動一系列的程序。一種典型的設置是執行一連串的測試來驗證變更，同時配合 linter 和程式碼分析工具。我們 linting 和程式碼分析工具都會介紹，然後考慮如何配置這些工具，以有效地使你的團隊不再需要主動鼓吹和觀察程式碼的採用情況。

漸進式的 Linting

漸進式的 linting 能讓你只對新編寫或修改的程式碼強制施加規則來逐步改善源碼庫。這使得開發人員能夠在問題出現時慢慢解決，而不是要求一兩名工程師對違反規則的每個地方都進行修補。如果你的團隊正在用一種模式取代另一種模式，編寫一個新的（漸進式的）linter 規則會是一種簡單的方法，可以促使開發人員使用較新的模式，並防止廢棄模式的傳播。

例如，作為日誌程式庫重構的一部分，你的團隊希望消除對 logEvent 的參考，因為它允許攝入任意字串，並改用 logEventType，因為它只記錄特定的非 PII 資料。你的團隊可以寫一個新的 linter 規則，禁止使用 logEvent，並附上錯誤訊息，告知工程師該函式已被棄用，並鼓勵他們改用 logEventType。

有些工程師對遇到意外的 linter 錯誤非常敏感。一定要充分傳達新 linter 規則的目標以及何時生效，這樣就不會有人感到驚訝。盡可能在錯誤訊息中加入更多的背景資訊，這樣遇到錯誤的工程師就不需要再去找出任何額外的說明文件以進行修復。

 並不是所有的語言都有可擴展的 linter 能讓開發人員撰寫自訂規則，而內建漸進式 linting 功能的語言就更少了。有些工程團隊會投注資源，在內部建置這些工具（在某些案例中，後來還將其解決方案開源）。如果你使用的是可擴展的 linter，並且能夠編寫自訂規則，那麼引入漸進式 linting 的快速方法是只在給定提交中的修改過的檔案上，或只在程式碼差異本身上執行 linter。

程式碼分析工具

第 3 章中所涉及的許多指標都能隨著時間的推移，使用在整合時期觸發的既有程式碼分析工具進行監控。有很多免費和付費的開源解決方案，可以自動計算不同尺度（單個函式、類別、檔案等）的程式碼複雜度，並產生測試涵蓋率的統計資訊。這些解決方案中有許多都可以輕易進行擴充，這樣你的團隊就可以開發並掛接上自己的指標計算方式，並隨著時間的推移斷言（assert）新的規則。

例如，假設你的團隊希望確保源碼庫中沒有任何函式超過 500 行。你的團隊可以配置你所選擇的程式碼分析工具，每當有變更導致某個函式超過這個閾值時，就會發出警告或擲出錯誤。若有工程師在現有的函式中增加了幾行程式碼，使其行數從 490 行增加到 512 行，那麼在合併他們的更改之前，他們會被提示將函式分割成更小的子函式。

閘門 vs. 護欄

在我們的整合流程中所配置的每一個驗證步驟都可以是一個閘門（gate），阻止變更繼續前進，或者是一個護欄（guardrail），產生一個警告，讓程式碼作者在繼續之前先行考慮。

太多的閘門對工程組織來說是有害的：它們會減慢開發速度，並且會讓工程師感到沮喪（特別是沒有預期到之時）。假設你的組織已經配置了 10 個阻斷式測試套件（blocking test suites）。當開發人員準備好將他們的程式碼提交審查時，這些測試套件會同時啟動。不幸的是，這些套件中大約有一半的執行時間只比 10 分鐘多一點，而且其中幾個套件經常產生不穩定的結果。工程師就要花費寶貴的時間等待他們的程式碼通過這 10 個閘門。

現在假設組織沒有設置閘門，而是設立了護欄，也就是說，團隊沒有讓這些測試套件中的每一個都會阻斷（block）進度，而是判斷出哪兩三個是真正的關鍵業務 premerge，並將其他的標示為選擇性的。工程師們現在負責確定哪些套件對他們的變更最為重要，如果結果不穩定，他們可以選擇忽略它們。當然，選擇使用更多的護欄有其自身的風險，而且可能會有更多的臭蟲出現在生產環境，但總的來說，我認為我們應該更信任我們的工程師同事。

所有權

許多大公司的工程師（包括我）經常會被問到他們的名字被列為最後修改者的程式碼。作為一個歷經多次大規模重構而重構了大量程式碼的人，我試著儘量維護好版本歷史，但我的名字經常透過 git blame 出現在我只是模糊有印象的函式深處。結果，我被帶入到事件中，被標記在 JIRA 票據上，並被分配到幾乎沒有背景資訊的程式碼審查中，但卻讓尋求我幫助的人感到失望。幸好，我們經常能夠正確地判斷出負責手頭程式碼的團隊。遺憾的是，每隔一段時間，程式碼就不屬於任何人，也沒有人急於認領它。

無主程式碼是一個棘手的問題，幾乎每個擁有相當規模工程團隊的公司都會面臨這種問題。我們不會在此嘗試解決這個問題，但我確實想為你提供一些防禦措施，以防你或你的團隊因為 git blame 被牽扯到事件中。雖然你可能很樂意幫忙，但要注意不要開了一個先例，友善地接受解決與無主程式碼有關的問題。在你意識到這一點之前，不僅你已經確立了自己作為該程式碼公認所有者的地位，而且其他人可能會來敲門，請求你幫忙解決毫無關聯的無主程式碼實例。

要讓向你求助的人知道，他們所給的程式碼不是你們團隊負責的。提議與他們合作（或要求你的經理與他們合作），以找出更好的候選人。如果這個要求是短期的（例如，一個簡單的錯誤修復），而且相對緊急，你可能會有更高的機會找到有時間和足夠的背景來優先考慮它的人。瀏覽過版本歷史，找出在你自己的變更之前的一個可行的臨時所有者，或者在同一個檔案中找出最後提交的開發者（或其團隊），都是不錯的選擇。

一旦你找出了能夠處理眼前請求的人，請你的經理與他們的同僚合作，以找到一個長期的歸宿。這些對話可能會導致漫長、令人沮喪的燙手山芋遊戲，但希望此時你已經成功地從中脫身。

將改善融入文化

只要我們都還是無法預測技術或需求的變遷將如何繼續影響我們的系統，那麼大規模重構的需求就會一直存在。然而，我相信一些大規模的重構是可以避免的，我們應該在可能的情況下盡力避免。結束本章之時，我想給大家留下一些想法，思考如何建立持續改善（continuous improvement）的文化。通過不斷地找出並利用各種機會來切實地改進我們的程式碼，我們有望在一段時間內成功抵禦野心勃勃的破壞性重構。

首先也最重要的是，維護源碼庫健康的最佳方式之一就是在遇到機會時，持續有意識地重構程式碼中相對獨立的一小部分。我們不希望成為路過的重構者（參閱第一章的「因為你剛好碰上」），而是專注於逐步改善自己團隊所擁有並維護的源碼庫區域。在我們自己管理的區域內，總是有很多機會讓我們進行整頓。當我們遇到其他團隊能夠改進他們程式碼的機會時，我們可以主動聯繫，傾向於提出問題，以便清楚理解他們的問題，而不是立即提出解決方案。一起合作，共同打造出一個更簡潔的實作。

我們應該經常鼓勵和促進團隊中的設計對話，儘早尋求他人的回饋意見，而不是獨自進行。程式碼審查不僅是一個讓別人仔細檢查我們作品的機會，也是公開討論如何讓我們的解決方案更好的機會。身為程式碼作者，我們應該考慮在我們的程式碼審查中為審閱者注釋具體問題。作為審閱者，我們在審查同行的程式碼時，應該要像我們自己寫程式時一樣進行分析。

最後，在功能開發過程的早期舉行包容廣闊的設計審查。這意味著邀請來自各種背景的工程師來評估你的設計並提出問題。你的審查員應該橫跨所有的經驗和資歷水平，他們應該包括來自各種背景的人。你能夠收集到的不同觀點越多，你就越有可能及早發現致命的缺陷，最終，你就越有可能建構出更優秀的解決方案。

每當你坐下來工作時，請批判性地思考一下，你今天所做的事情可不可能導致以後的大規模重構。有時候，我們需要的只是一個小小的提示，提醒我們的決策可能帶來的長期後果，引導我們回到正確的方向。

案例研討

在深入我們的案例研討之前，讓我先給大家介紹一下 Slack 的情況：產品的歷史、公司的狀況，以及早期的影響。

Slack 是作為溫哥華（Vancouver）一家名為 Tiny Speck 的小型遊戲公司的內部工具而開發的。該團隊是由來自 Flickr 的工程師、設計師和產品人員組成，他們試圖打造一款奇幻的大型多人線上遊戲，專注於社群的建設。他們稱之為 Glitch。

由於每個人都散佈在北美各處，Tiny Speck 開始嚴重依賴 IRC（internet relay chat）來溝通。不久之後，團隊意識到他們需要更強大的東西：一個能夠讓他們保持非同步聯繫、搜索訊息歷史和發送檔案的工具。於是成員們開始著手打造它。

這款遊戲最終在 2012 年關閉，公司也裁掉了大部分員工，但 Tiny Speck 還有最後一招。在一次不太可能的轉折中，剩下的幾位員工選擇將他們的內部通信工具商業化。他們改良、打磨了此工具，並將其命名為 Slack: searchable log of all conversation and knowledge（所有對話和知識的可搜尋日誌）。

Tiny Speck 的團隊聯繫了朋友和過去的同事來測試它的新工具。隨著每批新用戶的加入，團隊收集了回饋意見，修正了錯誤，並建置了新的功能。到了 2013 年 5 月，產品已經準備好了預覽發行版（preview release），只對少數有請求邀請的用戶開放。僅僅 9 個月後，Slack 就公開發佈了。

使用量暴增。一年之內，這個工具的每日活躍用戶數從不到 15,000 增加到了 500,000。產品上線兩週年時，每天有超過 230 萬用戶在使用 Slack。2019 年底，距離推出近 6 年之後，這個數字超過了 1,200 萬，每週發送超過 10 億則的訊息。

Slack 早期的許多技術和設計決策都受到創始人在構建 Flickr 和 Glitch 的經驗所影響。例如，鑒於他們在 2004 年建立照片分享網站的經驗，使用 PHP 和 MySQL 是順理成章的。事實上，Slack 大部分的基本伺服器功能都源於 Flamework，這是一個 PHP 的 Web 應用程式框架，源自於在 Flickr 發展出來的流程和風格，你可以在 GitHub 上找到它（*https://oreil.ly/IRayS*）。大部分的即時訊息基礎設施直接衍生自 Tiny Speck 類似 IRC 的內部工具。

2016 年初，Slack 開始研究一些替代 PHP Zend Engine II 直譯器（interpreter）的方案。主要有兩個競爭者：升級到 PHP 7 並使用 Zend Engine III，或者嘗試 Facebook 的 HipHop 虛擬機器（HipHop Virtual Machine，HHVM）。經過一番考慮，管理階層決定在他們的 Web 伺服器上推行 HHVM 執行環境（runtime）。當這個嘗試被證明是成功的之後，工程團隊就開始採用 Hack 程式語言，這是 PHP 逐步定型化（gradually typed）的一種方言，是為了在 HHVM 上運行而開發的。在本書出版之時，Slack 源碼庫中原本以 PHP 編寫的部分現在都已改用 Hack 撰寫了。

第四部的兩個案例研討所針對的大規模重構工作，都是在源碼庫使用 PHP 和後來的 Hack 編寫的那部分之上進行的。為了盡可能好好表達每個問題的本質，這幾節中的程式碼範例將使用 Hack。但是別擔心！雖然這些程式碼片段有助於為我們正在解決的問題提供小而具體的例子，但它們不是故事的重點所在。規模化的重構主要是關於過程以及參與其中的人，而非程式碼本身，我希望這些案例研討有助於闡明這一點。如果你還在擔心能否解讀這些程式碼範例，讓我向你保證，在那個時候，Hack 程式碼看起來還是挺像 PHP 的。對於那些 Hack 和 PHP 都不熟悉的人來說，我們會詳細講解每一個片段，這樣你就可以掌握自己的方向。

在我們繼續之前，我想請大家注意最後一個觀察。本書出版之時，Slack 只對外公開了六年。程式碼、產品和公司都相對年輕。程式碼不得不迅速擴展規模，以因應日益成長的使用量以及越來越多正在開發產品的工程師。這些年來，整個公司開始進行的許多大型重構工作都是為了應對超速成長，這其中既有因高使用率而導致的外部成長，也有因招聘而導致的內部成長。

第十章

案例研討：
冗餘的資料庫綱目

在我們兩章案例研討的第一個章節中，我們探討我在 Slack 的第一年與我團隊中的其他幾名成員所進行的一次重構。這個專案的核心是合併兩個冗餘的資料庫綱目（database schemas）。這兩個綱目都與我們越來越笨重的源碼庫緊密耦合，而我們可以依賴的單元測試非常少。簡而言之，這個專案是一個很好的例子，說明在一個相對年輕的高成長公司裡，工程師人數不多，源碼庫越來越龐大，卻能進行的真實大規模重構。

這個專案之所以成功，主要是因為我們始終高度專注於整合冗餘資料庫表格（database tables）的最終目標。我們起草了一個簡單而有效的執行計畫（第 4 章），深思熟慮地權衡了風險和執行速度，以迅速實作我們的解決方案。我們選擇了一種輕量化的做法來收集指標（第 3 章），僅聚焦在少數幾個關鍵的資料點。每當我們完成一個新的里程碑，我們都積極主動地在整個工程團隊中廣泛傳達我們的變更（第 7 章）。我們建立了工具，以確保我們的變更能持續下去（第 9 章）。最後，我們成功地展示了重構的價值：就在重構完成後的幾週內，我們以新合併的綱目為基礎，順利地推出了一項新功能。這使我們能夠得到更多的支持，從而啟動進一步的重構（第 5 章）。

雖然這個重構帶來了我們所追求的效能增益，但在重構的過程中我們還是犯了一些錯誤。由於來自我們最重要的客戶的龐大壓力，我們急於取得進展，沒有調查為什麼綱目最後可以收斂，也沒有在計畫中承諾會為其他團隊寫出易於消化的說明（第 4 章）。我們沒有尋求更廣泛、跨職能的支援（第 5 章），把大部分的工作留給了我們的小團隊。即使這樣，我們還是拼命保持動力，而重構工作在最後幾週進展緩慢（第 8 章）。

然而，在我們深入研究這個重構本身之前，必須瞭解 Slack 的功能和它的基本工作原理。如果你不熟悉這個產品，我強烈建議你徹底閱讀這一章節。如果你已經是熟知 Slack 的使用者，可以隨意跳到後面的「Slack 架構 101」。

Slack 101

Slack 主要是一種協作工具，適用於各個規模和行業的公司。典型情況下，企業會設立一個 Slack 工作空間（workspace），並為每個員工創建用戶帳號。身為員工，你可以下載這個應用程式（在你的桌上型電腦、手機，或者兩者皆安裝），並立即開始與隊友交流。

Slack 將主題和對話組織成**頻道**（*channels*）。假設你正在開發一個新功能，可讓你們的使用者更快將檔案上傳到你的應用程式中。我們稱這個專案為「Faster Uploads」。你可以創建一個新的頻道名稱 #feature-faster-uploads，在此你能與其他工程師、你的主管和產品經理協調開發作業。公司若有任何人好奇想知道「Faster Uploads」的開發情況，可以找到 #feature-faster-uploads 頻道，閱讀最近的歷史記錄，或者加入對話，直接向團隊提問。

你可以在圖 10-1 中看到，2017 年上半年，也就是這第一個研討案例發展的時期，Slack 的介面看起來是怎樣。

在此，我們的範例使用者是 Acme Sites 的員工 Matt Kump。你可以在左上方看到我們目前檢視的工作空間之名稱，緊接著是 Matt 的姓名。

最左方的側邊欄包含了 Matt 的所有頻道。我們暫且忽略加註星號（Starred）的部分，先來看看頻道（Channels）部分。從這個圖中我們可以看到，Matt 參與了關於會計成本（#accounting-costs）、腦力激盪（#brainstorming）、業務營運（#business-ops）等少數幾個頻道的對話。這些頻道每一個都是公開的，這意味著在 Acme Sites 擁有帳戶的任何人都可以找到這些頻道、查看其內容，並加入其中。

您可能已經注意到，#design-chat 頻道旁邊有一個小鎖圖示，而其他頻道旁則有 # 符號。這表示該頻道是私有頻道（private channel）。只有私有頻道的成員才能找到它並查看其內容。你必須透過已經是其中成員的人邀請，才能加入私有頻道。

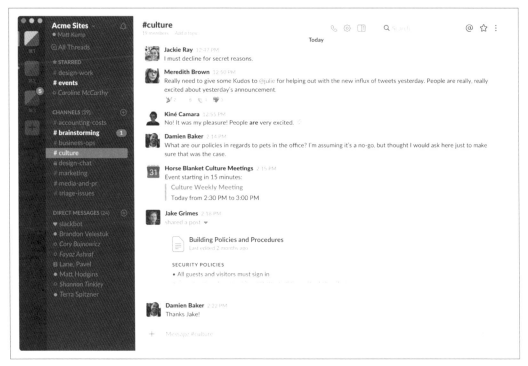

圖 10-1　2017 年 1 月前後的 Slack 介面

再往下是 Matt 的直接訊息（Direct Messages）清單。我們可以看到，他與 Brandon、Corey 和 Fayaz 等隊友進行了許多直接的一對一對話（one-on-one conversations）。他還與 Lane 和 Pavel 進行群組對話（group conversation），這運作起來就像直接訊息，不過是與幾名隊友交談，而非只有一人。

　當我們開始討論這個重構案例試圖解決的一些關鍵問題時，理解公開和私有頻道之間的區別就變得很重要。

你可能已經注意到，側邊欄中的一些頻道以亮白色的粗體字顯示，這表示它們包含了你還沒有閱讀的新訊息。如果 Matt 選擇了 #brainstorming，他就會發現一些可以閱讀的新內容，側邊欄中的這個頻道就會暗掉，變得跟其他頻道一樣。

雖然 Slack 還有很多很多其他功能，但這已涵蓋深入瞭解此案例之歷史背景所需的基礎知識。

Slack 架構 101

現在讓我們來探討一下 Slack 架構的幾個基本元件，它們會是我們研究的核心。要注意的重點是，這些元件中有一些在本章概述的重構工作之後已經發生了重大變化，因此這裡提供的細節並不能準確地反映今日 Slack 的架構。

讓我們來看看獲取給定頻道訊息歷史記錄（message history）的一個簡單請求。我啟動 Slack 並跳到我最喜歡的一個頻道 #core-infra-sourdough（如圖 10-2 所示），一些基礎設施工程師（infrastructure engineers）在那裡討論酸種麵包（sourdough）的烘焙。

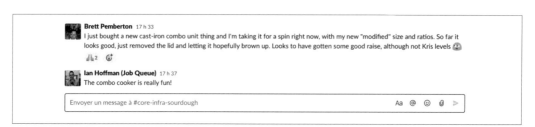

圖 10-2　在 #core-infra-sourdough 中閱讀最新的麵包烘焙建議

如果我監測網路流量，我會看到一個 GET 請求被送到 Slack API 要求 channels.history，頻道 ID 為 #core-infra-sourdough。該請求會先抵達某個負載平衡器（load balancer），再被送到一個可用的 Web 伺服器。接著該伺服器會對請求進行一些驗證。這包括確認所提供的 token 是否有效，以及我是否有權限存取我想要閱讀的頻道。若我有權存取，伺服器會從相應的資料庫中獲取最近的訊息，並將它們格式化，然後回傳給客戶端的我。瞧！在短短幾毫秒內，我就能擷取到我所選的頻道最新的內容。

伺服器如何知道要聯繫哪個資料庫才能找到正確的訊息呢？在此產品中，所有的東西都屬於單一個工作空間。所有的訊息都包含在頻道中，而所有的頻道都包含在一個工作空間中。把所有的東西都映射到單一的邏輯單元，為我們提供了一個橫向散佈資料的便利方法。

每個工作空間都被指定給單一個資料庫分片（database shard），所有相關資訊都儲存在那裡。如果使用者是某個工作空間的成員，並想獲得所有公開頻道的清單，我們的伺服器會進行初始查詢，找出哪個分片包含了該工作空間的資料，然後查詢該分片來找出那些頻道。

若有大型用戶成長起來，開始在與其他公司共用的某個分片中佔據了更多的空間，我們就會將其他的那些公司重新分配到不同的分片中，讓成長中的用戶有更多的發展空間。如果某個用戶是其分片的唯一佔用者，而他們繼續成長，我們就升級分片的硬體以容納他們。總之，我們的資料庫結構看起來就像圖 10-3 中所示。

圖 10-3　分佈在不同分片上的一些工作空間

接下來，就來看看我們是如何在每個工作空間分片中儲存某些關鍵資訊的。具體而言，我們會看一下頻道（*channels*）和頻道成員（*channel membership*）。在 2017 年初，Slack 有幾個資料表負責儲存關於頻道的資訊。我們有一個資料表用以儲存公開頻道的資訊，叫做 teams_channels。我們有另一個資料表 groups，儲存私有頻道和群組直接訊息（多名使用者之間的訊息）的資訊。每一個資料表都儲存了關於頻道的基本資訊，例如頻道的名稱、創建時間，以及是誰創立的。圖 10-4 展示了我們用來儲存頻道資訊的兩個資料表的一些範例資料列。

teams_channels

id	team_id	name	...	purpose
10001	20001	sourdough-baking		Discuss the highs and lows of sourdough baking
10002	20001	company-announcements		Important company communications

groups

id	team_id	name	...	purpose
10007	20001	secret-acquisition		Updates relating to a potential acquisition
10008	20001	eng-promotions		Engineering promotion committee

圖 10-4　teams_channels 和 groups 簡化過的資料表綱目

我們將這些頻道之成員的相關資訊分別儲存在 teams_channels_members 和 groups_members 上。對於每個成員，我們會儲存由工作空間 ID、頻道 ID 和使用者 ID 的組合所唯一識別的資料列。我們還額外儲存了一些關於該名使用者成員資格的關鍵資訊，例如他們加入頻道的日期，以及他們最後一次在該頻道中讀取內容的時間（以 Unix epoch 時間戳記表示）。圖 10-5 顯示這兩個資料表幾乎完全相同。

teams_channels_members

channel_id	team_id	user_id	...	last_read
10001	20001	30001		1553656778
10002	20001	30002		1553658978
10002	20001	30002		1553688978
10003	20001	30003		1553658978

group_members

channel_id	team_id	user_id	...	last_read
10007	20001	30001		1553656778
10008	20001	30004		1553658978
10008	20001	30003		1553688978
10009	20001	30003		1553658978

圖 10-5　teams_channels_members 和 groups_members 簡化過的資料表綱目

最後，對於直接訊息，我們有一個名為 teams_ims 的單一資料表（如圖 10-6 所示）來儲存頻道本身及其成員的相關資訊。

我們總共有三個不同的資料表來儲存頻道的資訊，還有三個不同的資料表來儲存頻道成員的資訊。圖 10-7 說明每個資料表的作用，這與它所處理的頻道種類有關。

teams_ims					
channel_id	team_id	user_id	target_user_id	...	last_read
10010	20001	30001	30003		1553656778
10011	20001	30002	30001		1553658978
10012	20001	30002	30003		1553688978
10010	20001	30003	30001		1553658978

圖 10-6　`teams_ims` 簡化過的資料表綱目

	公開	私有	直接訊息（DM）
頻道	teams_channels	groups	teams_ims
成員資格	teams_channels_members	groups_members	

圖 10-7　根據頻道的種類（公開、私有、群組 DM 或 DM）指出負責儲存其頻道和各自成員資訊的資料表

可擴充性的問題

現在我們已經更加瞭解 Slack 的基本架構，更具體地說，就是其頻道和頻道成員的表示方式，我們可以深入研究由此產生的問題了。我們會描述三個最嚴重的問題，因為這些問題是我們當時最大的客戶所遭遇的，在本章的剩餘部分，我們將其稱為 Very Large Business（非常大的企業），簡稱 VLB。

VLB 非常希望他們的 35 萬名員工都能使用 Slack。一開始他們採用此產品的速度緩慢，但在 2017 年的前幾個月，他們開始積極加大使用量。到了 4 月，他們在此平台上的用戶數剛剛超過 5 萬，幾乎是我們第二大客戶的兩倍。VLB 開始衝擊我們產品幾乎每一個部分的極限。當時，我所在的團隊負責我們最大客戶的 Slack 效能。有好幾個禮拜，我們的團隊必須共同輪值，我們其中兩個人得在早上 6:30 前於舊金山總部的辦公桌前待命，以便為 VLB 在東岸的登入高峰期做好應對任何緊急問題的準備。在我們團隊迅速地四處修補問題的同時，我們開始注意到每一個問題都因為我們使用多餘的資料表來儲存頻道成員而變得更加嚴重。

啟動 Slack 客戶端

每個工作日的早上，從東部時間上午 9 點開始，VLB 的員工就會開始登入 Slack。隨著越來越多的人開始上班，更多的負載開始堆積在 VLB 的資料庫分片上。我們現有的儀器顯示，罪魁禍首很可能是我們在啟動時呼叫的一個最關鍵的 API，即 rtm.start。

這個 API 回傳所有必要的資訊以充填使用者的側邊欄，它擷取使用者為其成員的所有公開和私有頻道、擷取他們上次打開的所有群組和直接訊息，並判斷這些頻道中是否含有他們尚未閱讀的訊息。然後，客戶端會對結果進行剖析，並在介面上填入粗體和非粗體對話的簡潔清單。

從伺服器的角度來看，這是一個非常昂貴的過程。為了確定使用者的成員資格，我們得查詢三個資料表：teams_channels_members、groups_members 與 teams_ims。從每一組成員資格中，我們取出 channel_id，並獲取相應的 teams_channels 或 groups 資料列來顯示頻道名稱。我們還查詢了 messages 資料表，以擷取最近訊息的時間戳記，我們將它與使用者的 last_read 時間戳記進行比較，以確定是否有任何未讀訊息。我們個別執行這些查詢中的絕大部分，每次都會產生網路往返的成本。

檔案可見性

在一天中，我們不時注意到資料庫昂貴查詢動作的高峰值。我們的儀表板浮現出一些潛在的呼叫點，包括負責計算檔案可見性（file visibility）的函式，這是我們與檔案相關的大部分 API 之核心。點開目標函式，我們又一次面對複雜的一組查詢。

使用者將檔案上傳到 Slack 時，伺服器會在 files 資料表中寫入一列新的記錄，指出檔案的名稱、它在我們遠端檔案伺服器上的位置，以及其他的一些相關資訊。每當有檔案被分享到一個頻道時，我們都會在 files_share 資料表中寫入一個新條目，指出檔案 ID 和它被分享到的頻道 ID。若有檔案被分享到一個公開頻道，該工作空間的任何使用者都能看到它，並藉由在它的 files 資料列中將 is_public 欄位設為 true 來表示它是可公開發現的。因此，在這種最簡單的情況下，檔案是公開的，我們很快就能知道這點，並向使用者顯示它。

然而，當一個檔案不是公開的時候，邏輯就變得有點複雜了。我們必須交叉比對該使用者是其成員的所有頻道和該檔案被分享的所有頻道。就像 rtm.start 的情況一樣，為了確定一名使用者完整的頻道成員資格，我們必須查詢三個不同的資料表。然後再將這些結果與目標檔案的 files_shares 資料表結果相結合。若有找到匹配，我們就能向使用者顯示該檔案；如果沒有，我們就向客戶端回傳一個錯誤。

提及

在整個工作日期間，導致 VLB 資料庫分片持續負載最嚴重的查詢，就是負責確定使用者（或他們訂閱的主題）是否有在某個頻道中被提及，並且還沒閱讀那些訊息的查詢。一個 *mention*（提及）在 Slack 中可能有好幾種形式。它可以是一個使用者名稱，或是以 @ 符號為前綴的使用者名稱。它也可能是使用者在其偏好設定中已經為其啟用通知的某個被強調的詞語（highlight word）。然後，客戶端將使用這些資料在側邊欄中，以未讀的提及數充填對應頻道名稱右側的徽章。在範例 10-1 中，你可以在那短短 40 行中，看到與提及有關的複雜查詢中的一個。

此查詢同樣也得跨越三個成員資料表來擷取一名使用者的成員資格。棘手的部分在於，我們需要排除其關聯頻道被刪除或封存（archived）的任何成員資格，這使得我們必須把成員資格的結果與它們在 groups 或 teams_channels 中對應的頻道資料列（channel row）做 JOIN 的動作。

範例 10-1　查詢以確定是否通知用戶某個提及；% 象徵著替換語法

```
SELECT
    tcm.channel_id as channel_id,
    'C' as type,
    tcm.last_read
from
    teams_channels tc
    INNER JOIN teams_channels_members tcm ON (
        tc.team_id = tcm.team_id
        AND tc.id = tcm.channel_id
    )
WHERE
    tc.team_id = %TEAM_ID
    AND tc.date_delete = 0
    AND tc.date_archived = 0
    AND tcm.user_id = %USER_ID
UNION ALL
SELECT
    gm.group_id as channel_id,
    'G' as type,
    gm.last_read
from
    groups g
    INNER JOIN groups_members gm ON (
        g.team_id = gm.team_id
        AND g.id = gm.group_id
```

```
    )
WHERE
    g.team_id = %TEAM_ID
    AND g.date_delete = 0
    AND g.date_archived = 0
    AND gm.user_id = %USER_ID
UNION ALL
SELECT
    channel_id as channel_id,
    'D' as type,
    last_read
FROM
    teams_ims
WHERE
    team_id = %TEAM_ID
    AND user_id = %USER_ID
```

合併表格

現在我們對想要解決的問題有了足夠的背景，可以開始討論如何重構。我很希望可以說，將 teams_channels_members 和 groups_members 合併成一個資料表的工作是精心策劃並聰明執行的一項專案，但這並非事實。實際上，重構過程中比較混亂的部分正是本書中很多想法的靈感來源。我們帶著緊迫感啟動了此專案，在進行的過程中並沒有很好地追蹤進度，最後，雖然我們知道確實降低了大部分資料庫層的負載，但只能用單一指標來展示大概下降了多少。最終使該專案取得成功的是一群聰明、敬業的人，他們幫助我們越過了終點線。雖然從重構中獲得最多好處的是我們最大的客戶，但我們所有的客戶最終都有從這個專案中受益。

我們在沒有書面計畫的情況下立即啟動了這個專案。我們的首要任務是將資料表合併到能夠遷移對我們資料庫分片影響最大的一個查詢：提及的查詢（mentions query）。

雖然我們知道有很多查詢同樣會從合併後的資料表中受益，但它們的遷移嚴格來說是次要的。在第 1 章中，我強烈建議不要著手進行大規模的重構，除非有信心能夠完成。在這種情況下，我們當然打算完成資料表的合併，只是不知道是否會有其他更緊迫的效能問題突然出現，需要優先於重構處理。考慮到眼前問題的急迫性，我們願意冒這個險，充分意識到沒有完成遷移的可能後果。

首先，我們創建了一個新的資料表 channels_members。我們結合了成員資料表的綱目（schemas），用相同的索引來完成，並引入了一個新的資料欄來指出某個資料列是源自 teams_channels_members 還是 groups_members，這方便了遷移，也確保我們能維持以原始資料表為中心的任何業務邏輯依存性。圖 10-8 顯示了我們的目標狀態，而圖 10-7 顯示我們的起始狀態以做比較。

		公開	私有	直接訊息（DM）
頻道		teams_channels	groups	teams_ims
成員資格		channels_members		

圖 10-8　我們的目標狀態

收集分散的查詢

改寫我們的查詢來針對一個新的資料表並不容易。Slack 的源碼庫是以一種非常命令式的風格（imperative style）編寫的，所有東西，從短的函式到長的函式，都分散在數百個沒有嚴格劃分命名空間的檔案中。它的原始作者一直堅持使用他們所熟悉的東西，而且因為 PHP 的效能考量而沒有採用物件導向模式。他們更傾向於在行內（inline）編寫單獨的查詢，而不是依賴物件關聯式映射程式庫（object-relational mapping library），這樣做有可能使源碼庫過早膨脹。

對 teams_channels_members 或 groups_members 的一次性查詢分散在 126 個檔案中。許多查詢在產品推出前很久就沒有再被觸及過。更重要的是，我們知道包含這些查詢的很多程式碼都沒有很好的單元測試涵蓋率。為了讓你瞭解這些查詢是什麼樣子的，我挖出了一些舊的程式碼，你可以在範例 10-2 中看到。

範例 10-2　對 *teams_channels_members* 的一個行內 *SQL* 查詢（*inlined SQL query*）。

```
function chat_channels_members_get_display_counts(
    $team,
    $user,
    $channel
){
    // 一些業務邏輯

    $sql = "SELECT
        COUNT(\*) as display_counts,
```

```
        SUM(CASE
               WHEN (is_restricted != 0 OR is_ultra_restricted != 0)
                   THEN 1
               ELSE 0
           END) as guest_counts
    FROM
        teams_channels_members AS tcm
        INNER JOIN users AS u ON u.id = tcm.user_id
    WHERE
        tcm.team_id = % team_id
        AND tcm.channel_id = % channel_id
        AND u.deleted = 0";

    $ret = db_fetch_team($team, $sql, array(
            'team_id' => $team['id'],
            'channel_id' => $channel['id']));

    // 更多的一點業務邏輯

    return $counts;
}
```

圍繞這些查詢的業務邏輯程式碼會直接索引到結果的資料欄（columns）中，強化了我們的資料庫綱目和程式碼之間的緊密耦合。每當我們引入新的欄位，我們就必須更新相應的程式碼。假設 files 資料表上有一欄 is_public，用來表示檔案是否為公開（public）的。如果後來引入了另外的邏輯，要求我們檢查一個額外的特性來判斷檔案是否公開的，那麼仰賴 if ($file['is_public']) 這種簡單檢查的任何程式碼都必須更新才能適應這種變化。

為了把 teams_channels_members 和 groups_members 合併為 channels_members 中，我們需要找出分散在源碼庫中的所有查詢。藉由對源碼庫快速的 grep 動作，我們能夠提取出一個清單，列出查詢 groups_members 或 teams_channels_members 的所有位置。我們將此檔案清單和行號直接插入到一個共用的 Google Sheets 檔案中，如圖 10-9 所示。

我們決定創建單一檔案，在那裡我們可以存放與頻道成員資格相關的所有查詢。試圖讓我們苦苦掙扎的成員資格查詢恢復活力的計畫，剛好是在工程師們開始討論是否要集中化我們查詢的那段時間前後出現的。當時我們是一個不斷成長的團隊，試著快速執行計畫，所以每次變更一個資料表之時，都還要記得去更新源碼庫任意角落裡的查詢，這變得越來越繁瑣乏味。有幾個建議被提出討論過，工程師們比較想要把所有的查詢儲存在單一檔案中的一個給定的資料表中。雖然有些人希望採用一種做法，能讓他們在給定一

組參數的情況下生成查詢，從而使我們必須建立一個更為複雜的資料存取層，但另外有些人則希望能繼續在行內讀取那些查詢。我們決定，在這個專案中製作的原型，會盡量減少查詢的產生，以限制我們新檔案中個別函式的數目。我們決定稱呼這種新的模式為 *unidata*，或簡稱為 ud，因此我們目標檔案就命名為 ud_channel_membership.php。

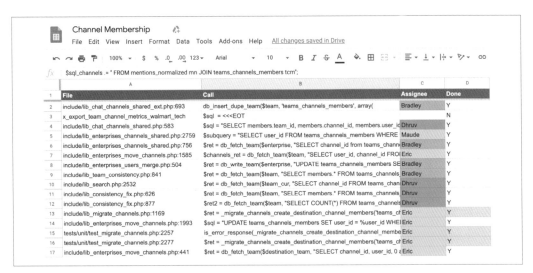

圖 10-9　這個 Google Sheets 檔案用來追蹤對 teams_channels_members 和 groups_members 的查詢

發展出遷移策略

現在我們有了一個資料表以及一組要遷移的查詢，我們可以開始了。我們需要從最初的 grep 中識別出每個查詢，有插入資料列、更新值或者刪除資料列的那些查詢。對於這每個查詢，我們在 unidata 程式庫中創建一個對應的函式，其中包含一個拷貝。每個函式都接受一個參數來指出要在 teams_channels_members 還是 groups_members 上執行查詢，同時還需要一些邏輯來對我們的新資料表 channels_members 有條件地執行相同的查詢。範例 10-3 中顯示了整體思路。

範例 *10-3*

```
function ud_channel_membership_delete(
    $team,
    $channel_id,
    $user_id,
    $channel_type
```

```
){

    if ($channel_type == 'groups'){
        $sql = 'DELETE FROM groups_members WHERE team_id=%team_id AND
                group_id=%channel_id AND user_id=%user_id';
    }else{
        $sql = 'DELETE FROM teams_channels_members WHERE team_id=%team_id AND
                channel_id=%channel_id AND user_id=%user_id';
    }

    $bind = array(
        'team_id'    => $team['id'],
        'channel_id' => $channel_id,
        'user_id'    => $user_id,
    );

    $ret = db_write_team($team, $sql, $bind);

    if (feature_enabled('channel_members_table')){
        $sql = 'DELETE FROM channels_members WHERE team_id=%team_id AND
                channel_id=%channel_id AND user_id=%user_id';
        $double_write_ret = db_write_team($team, $sql, $bind);

        if (not_ok($double_write_ret)){
            log_error("UD_DOUBLE_WRITE_ERR: Failed to delete row for
                channels_members for {$team['id']}-{$channel_id}-{$user_id}");
        }
    }

    return $ret;
}
```

一旦我們成功遷移了所有的寫入運算，我們就寫出一個回填指令稿（backfill script），把兩個成員資料表的現有資料全都複製到我們的新資料表上。需要注意的是，我們在開始回填之前就遷移了寫入運算，以確保新資料表中的資料是準確的。然後，我們為自己的工作空間回填了所有的成員資料，緊接著是 VLB，並在下班時間進行，以防止他們工作日期間出現任何不必要的負載。我們多次檢查了這兩張資料表的任何錯誤寫入動作都沒有遺留在新的程式庫之外，但考慮到工程組織的動作很快，我們有可能漏掉一兩個查詢。我們尚未建立任何機制來防止不同團隊的工程師在沒有提醒我們的情況下添加新的查詢，因此，為了確保回填的資料與即時的資料保持一致，我們向工程團隊發出了警告（參閱圖 10-10），並編寫了可以手動執行的一個指令稿，以找出任何不一致的地方，並在需要時對其進行選擇性的修補。

在本章包含的一些截圖中，你可能會看到一些提到 TS 的地方。TS 是 Tiny Speck 的縮寫，是該公司 2014 年公開推出 Slack 這個產品之前的名稱。如果你看到某項內容指出「對 TS 啟用（enabled to TS）」，這僅代表我們讓該變更在自己的工作空間發揮作用。

Maude 2:43 PM
🚀 **Important Perf Update** 🚀

👋 In case you're one of those people that just casually goes through and reads all PHP webapp commits, you may have noticed that we've been double writing updates to the `team_channels_members` and `groups_members` tables to a brand new ✨ `channels_members` table for TS and **VLB**

How are we doing this?
All writes to either of these tables are now done through the unidata channel membership library. Within this library, we check if a feature flag is set for your team and conditionally write all changes to the `channels_members` table as well. (You may have noticed fewer lines of raw SQL in `lib_chat_groups` and `lib_chat_channels`.)

Why do I need to care?
It is now *imperative* that any writes to either of these tables are done by calling the appropriate function within the unidata channel membership library in order to ensure correct state in all tables. We are currently powering mentions off of `channels_members` for both IBM and TS.

TL;DR If you're going to write a new SQL query to write (update, delete, whatever) to `teams_channels_members` or `groups_members`, use the appropriate `ud_channel_membership` function instead. 🙇

🎉 🙌 14 reactions   💬 3 replies

圖 10-10　宣佈我們已經開始對新資料表進行雙重寫入

在為 VLB 啟用雙寫（double-writing）功能後，我們仔細觀察了其資料庫健康狀況；teams_channels_members 和 groups_members 的資料列更新非常頻繁。每當有用戶讀取新訊息時，客戶端就會向伺服器發出請求，更新用戶在其成員資格列上的 last_read 時間戳記。現在，隨著 channels_members 的加入，我們發出的寫入次數增加了一倍。我們花了一天的時間來監控流量，以確保該工作空間有足夠的頻寬來處理額外的負載。

現在，我們的資料表已經同步了，而且更新也是兩邊都會寫入，可以開始朝我們最重要的里程碑前進了，也就是遷移提及查詢（mentions query）。每當我們準備好在生產環境中嘗試一些東西，我們會先發佈給我們自己的團隊使用。這是那時在生產環境中測試我們作品的典型策略（現在依然是），不管那是新的功能、新的基礎架構，還是像我們案例中的效能增強。接著我們通常會先在免費的工作空間進行測試，然後再慢慢地在付費

層進行測試，把對效能最敏感的最大客戶留在最後，但在這次特殊的工作中，我們希望先減輕這些頂級客戶的負擔。因此，我們反轉了我們的策略。

我們對自己的團隊啟用了最佳化之後的提及功能。因為我們沒有太多的自動化測試，而我們的單元測試框架也無法正確地測試這種查詢，所以在向其他客戶啟用這種查詢功能之前，我們仰賴內部人員來發現任何衰退劣化的情況。我們仔細監控了員工一般報告錯誤的頻道。後來我們為 VLB 啟用了這種行為。

量化我們的進展

我們知道，我們資料庫的負荷已經過重了。我們查看 CPU 閒置的百分比來衡量它們的健康狀況。通常這會在 25% 左右徘徊，但也會定期下降到 10% 或更低。這很令人擔憂，因為閒置的百分比低於 25% 的時間越久，它就越沒辦法處理突然增加的負載。VLB 正讓我們的產品經受考驗，我們永遠不知道接下來產品的哪個部分會導致資料庫使用量的意外上升。

我們開始整合工作時，我們已經有多個其他專案在同時進行，以幫忙解決負載問題。在一系列正在進行的工作流中，由於雙寫、經常性波動而增加的負載，以及產品工程繼續構建新功能，我們無法依靠資料庫的使用情況來確認重構是否有效。此外，我們的監控資料大約一週後就消失了，所以除非我們挑選一個安靜的日子抓取一些截圖，並記錄一連串的資料點，否則資料在完成後就無法當作良好的基準線來用。

取而代之，我們選擇以查詢的計時資料（timings data）為主。我們用計時指標對每個查詢進行了儀器化的處理，使我們能夠確認新的查詢是否真的更有效能。EXPLAIN PLAN 可能很有洞察力，但沒有什麼比從伺服器角度追蹤執行一個查詢所花費的時間的這種實際指標更好。因為有了這個警覺心，我們沒有立即對所有的 VLB 用戶啟用新的處理方法，而是將傳入的請求隨機分配給其中一個查詢。我們先驗證工作空間的功能旗標是否有被啟用，然後將流量以一半一半的機率隨機分配。這使得我們在引入變化時能夠更加謹慎一些，並確認了新的查詢對於像 VLB 這樣的大型客戶來說，效能更強。

我們等了幾個小時後，才看了一下我們的資料。我們需要確保新查詢的速度始終都比較快，這意味著資料庫處於平均負載和使用高峰時都得更快才行。值得慶幸的是，資料看起來很有希望，整體而言速度提高了 20%！你可以在圖 10-11 中看到我們取出的原始資料。第一個查詢跨越 teams_channels_members 和 groups_members 進行 JOIN 動作，而平均大約 4.4 秒完成。第二個查詢單獨讀取自 channels_members，平均完成時間約為 3.5 秒。藉由使

用整合之後的成員資料表，我們成功地減去了將近一秒的時間（兩個查詢都太長，無法完整顯示，所以在計時圖中只能看到前幾行）。

5 row(s), 7 column(s)

sql	total	p50	p95	p99	maximum	avg_time
SELECT mn.*,tcm.last_read,tcm.last_read_abs,mnpp.state as is_pushed FROM mentions_normalized mn JOIN teams_channels_members tcm ON (mn.team_id=%team_id AND mn.channel_type=%channel_type_c AND mn.user_id!=%mentioned_user_id AND tcm.user_id=%mentioned_user_id AND mn.team_id=tcm.team_id AND mn.channel_id=tcm.channel_id AND mn.timestamp>tcm.date_joined*999999 AND mn.timestamp>tcm.last_read_abs AND mn.timestamp >= %_field_binding_0) LEFT JOIN subteams_users su ON (mn.team_id=su.team_id AND mn.item_id	4043474	2	11	37	3092	4.404268458261
SELECT mn.*,cm.last_read,cm.last_read_abs,mnpp.state as is_pushed FROM mentions_normalized mn JOIN channels_members cm ON (mn.team_id=%team_id AND mn.user_id!=%mentioned_user_id AND cm.user_id=%mentioned_user_id AND mn.team_id=cm.team_id AND mn.channel_id=cm.channel_id AND mn.timestamp>cm.date_joined*999999 AND mn.timestamp>cm.last_read_abs AND mn.timestamp >= %_field_binding_2) LEFT JOIN subteams_users su ON (mn.team_id=su.team_id AND mn.item_id=su.subteam_id AND su.user_id=%mentioned_user_id A	3967120	1	9	31	3657	3.511519943939
SELECT mn.*,tcm.last_read,tcm.last_read_abs,mnpp.state						

圖 10-11　VLB 的提及查詢之一的計時資料

在確認我們的重構對最重要的用例起到了作用後，我們可以理直氣壯地推進剩餘的整合工作。我們參考了我們的 Google Sheet 追蹤器，並開始將剩餘的讀取查詢分配給我們團隊的工程師。

試圖保持團隊的積極性

遺憾的是，我們很難獲得完成遷移所需的幫助。考慮到有這麼多問題需要解決，我們團隊中的每個人都要同時進行不同的補救工作。要讓其他人抽出幾個小時的時間來謹慎取出幾個查詢是很困難的。更重要的是，圍繞剩餘查詢的大部分程式碼都是未經測試的，這使得本應是簡單、直接的更動變得相當危險。花費一個下午的時間來遷移查詢，一點也不吸引人。

我考慮過向企業工程團隊中的其他團隊尋求幫助，也考慮過挖角公司其他一些有效能意識的開發人員，但最終，我還是決定自己繼續蹣跚前行，偶爾會得到隊友的幫助。因為這項工作風險很大，而且也不是特別有智力上的挑戰性，我當時認為要說服更廣泛的工程師圈子做出貢獻，可能是一場太艱鉅的戰鬥。事後看來，我認為我本可以找到一種方法，讓這項工作變得更有說服力，把工作分配得更平均，並且很可能減少幾個星期的時間。

幾週後，當進展緩慢到像爬行之時，我試圖用餅乾賄賂團隊，你可以在圖 10-12 中看到這點。雖然有很多更傳統的方法能讓工程師有動力去幫忙（參閱第 8 章），但有時食物是最好的激勵手段。

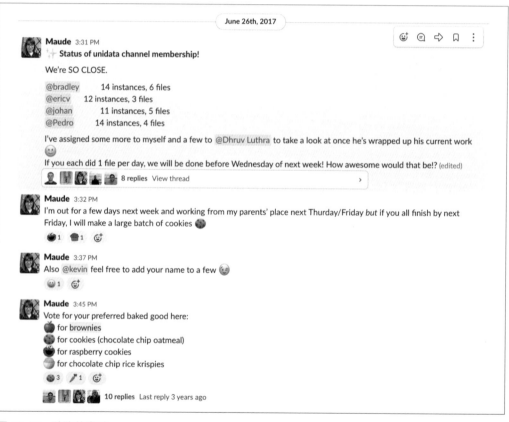

圖 10-12　賄賂的嘗試

傳達我們的進展

雖然我們的團隊廣泛分佈在多個專案中，但我們仍然需要互相的支援。我們依靠彼此來審查程式碼，討論棘手的臭蟲，以及偶爾出現的直覺預感。為了確保我們能夠有效地發揮這些作用，同時又能高度專注於自己的工作，我們會定期在公開頻道（通常是我們自己的團隊頻道）除錯效能問題，並每週舉行面對面的會議來討論進度和阻礙因素。對我來說，這意味著有一個定期的頻道來指出仍然有多少比例的查詢分散在整個源碼庫中，並討論我在資料中發現的任何臭蟲或不一致之處。

每當我們到達一個有意義的里程碑，例如對我們自己的工作空間啟用雙寫，或者為 VLB 啟用新的提及查詢，我們就會在我們團隊的頻道和一些工程師可以看到的頻道中公告這個變化，以增加可見性。越多的工程師知道我們所做的改變就越好！這意味著其他團隊的工程師在沒有參考我們新程式庫的情況下，不太可能針對我們主動廢棄的資料表做出新的查詢。這也代表，我們對客戶回報的臭蟲進行分類時，任何工程師都能更有效地隔離和解決相關的問題。

偶然發現不可避免的臭蟲

任何大規模的重構工作，如果沒有遇上一兩個討厭的臭蟲，都是不完整的，這次也不例外。把讀取查詢轉移至新程式庫大約一個月後，我們開始注意到新的資料表上有少量但數目不可忽略的成員資格列略微過時。經過一天左右的摸索，我們意識到有時我們成功地對 teams_channels_members 或 groups_members 發出了寫入命令，但卻無法對 channels_members 進行雙寫。因為我們寫的函式回傳的是第一次對舊資料表的寫入是否成功，並忽略了第二次寫入否成功，所以函式的呼叫者會認為一切正常，並繼續執行。

我們做了必要的更正，改成若有任何一次寫入遭遇問題，就回傳失敗，但不確定是否有另一個更惡毒的臭蟲在起作用。為了驗證是否已修復了一個（也是唯一的一個）臭蟲，我們決定為自己的工作空間重新充填 channels_members。我們發起了另一次回填，清除了該資料表的所有內容，然後用來自 teams_channels_members 和 groups_members 的資料副本填充它。

這本來應該是沒有問題的，只是我當時忘了我們團隊只會從新資料表中讀取成員資訊。就在該指令稿開始後的幾秒鐘，我所有的頻道都消失了。整個公司的所有人都被踢出了所有的頻道。我花了幾分鐘的時間來反轉功能旗標，讓我們的團隊再次從原來的資料表獲取會員訊息。慶幸的是，當時公司大部分的人都已經回家了，並沒有密切關注他們的客戶端，但我肯定給一些同事帶來了相當嚴重的恐慌。

整理

一旦我們的追蹤器中不再有任何條目，我們就慢慢地讓我們自己的團隊（和 VLB）以外的所有其他團隊開始從新的資料表讀取資料。在停止向舊資料表重複寫入資料之前，我們讓這些變化靜置了兩個星期。我們想確定我們的資料庫層對新資料表的反應良好、資料始終正確，而且沒有記錄到與重構相關的新臭蟲。如果不是雙寫動作從負載和資金的角度來說都很昂貴的話，我們可能會再多花點時間確認變更是安全的，但我們急於去除這額外開銷。

最終，我們停止了雙寫，首先是對我們自己的團隊，然後是對 VLB，最後是對其餘的客戶。如同我們重構的每個重要步驟一般，我們廣泛地傳達了這項變更，如圖 10-13 所示。然後，藉由刪除對 teams_channels_members 與 groups_members 的所有參考，我們快速整理了新的程式庫。我們寫了一些新的 linter 規則，防止工程師針對任何一個被廢棄的資料表寫出新的查詢，並迫使 channels_members 資料表的新查詢動作都被集中到我們的新程式庫中。我們想要讓工程師們清楚知道我們重構的進展情況。並非每個人都會閱讀跨職能頻道中的所有公告，特別是在他們休假或外出時，所以很重要的是，不要只仰賴這些公告就想讓整個組織的工程師都知道遭遇作為重構一部分而被更改的程式碼時應該怎麼做。

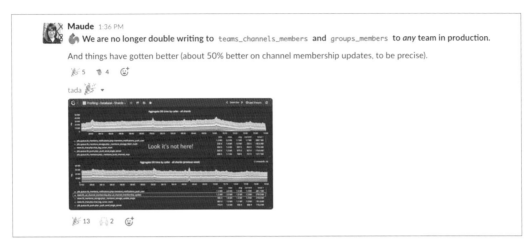

圖 10-13　宣佈我們不再為自己的工作空間進行雙寫了

這是圖 10-13 的 Slack 訊息中圖表的特寫：

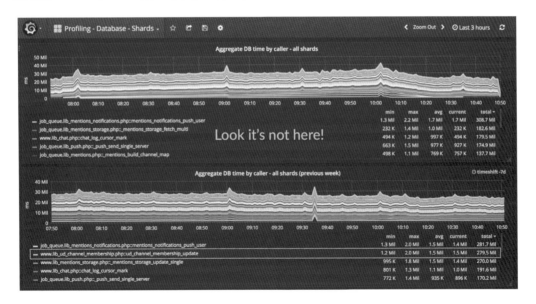

當然，我們並沒有忘記最重要的最後一步：慶祝！依照舊金山大部分工程團隊的傳統，我們訂購了一個蛋糕（圖 10-14），上面裝飾著我們新資料表的名稱，以紀念專案的完成。

圖 10-14　慶祝我們重構的 Funfetti 蛋糕！

此專案的完整軌跡如圖 10-15 所示，突顯出 2017 年 5 月至 9 月每天對每個資料表執行的查詢次數。

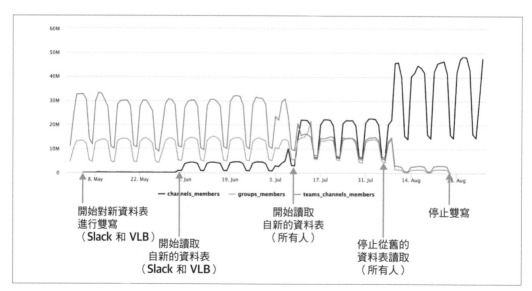

圖 10-15　重構過程中，teams_channels_members、groups_members 與 channels_members 的查詢量

經驗教訓

從這個案例研討中，我們可以學到很多經驗，包括哪些地方做得很好，哪些地方可以做得更好。我們將從專案的困難之處入手，描述沒有書面執行計畫、放棄理解程式碼是如何退化的、沒有撰寫更多的測試，以及未能激勵團隊成員等陷阱。然後，我們將討論哪些地方做得很好，強調我們對動態里程碑和一套定義良好的指標的敏銳關注。

制定溝通良好的明確計畫

由於整個專案開始得太快，我們沒有太多的書面計畫。我們的團隊很熟悉將資料從一個表遷移到另一個表所涉及的過程。我們知道當務之急是提及查詢，而且我們只會完成必要的遷移工作，以後再重新評估。這個過程唯一一次以書面形式出現，是我們在團隊頻道（而不是在該專案的專用頻道中）中發佈更新時，即便如此，那也只是整體計畫的相關子集。

事實上，我們未曾刻意寫下從開始到結束所涉及的每一個步驟，意味著我們更有可能在途中忘記一些關鍵的東西。也許最令人擔憂的是，我們從來沒有向公司其他團隊宣傳過我們的計畫，以確保每個人都有機會確認他們是否會受到變化的影響，並在這種情況下表達他們的擔憂。我們只是簡單地執行，因為我們的假設是，為了改善與最大客戶的關係，增進效能是我們能做的最重要的事情（也是我們可以為公司做的最重要的事情）。我們也相信，我們能以盡量少干擾其他工程團隊的方式來實施變革。

事實證明，這個假設在多方面都是錯誤的。首先，當一些不可避免的臭蟲悄然出現，而我們又沒有適當地將變更傳達出去，應對這些臭蟲的工程師都會感到驚訝，而且是不愉快的那種。其次，我們完全忽略了一個團隊，他們會遭受變革所帶來的尖銳影響。在最後幾個成員查詢遷移完成的前一個月，有位隊友提醒我，我們或許應該警告資料工程團隊，我們正在進行的那些變更。因為成員資格被轉移到新的資料表上，而且接近我們將禁止對舊表寫入的階段，我們有可能破壞他們大部分的管線，包括負責計算重要用量指標的管線。幸運的是，資料工程團隊反應迅速，更新了必要的管線，避免了一場嚴重的危機。

這些事故表明，制定並審核一個全面的執行計畫是多麼的重要。我們很幸運，因為我們很快就從這些疏忽中恢復過來，但為什麼要把在早期規劃階段可以更慎重解決的問題留到更麻煩時才處理呢？正如第 4 章和第 7 章所強調的那樣，擁有一個具體的計畫，對於儘早發現漏洞，以及最大限度地減少跨職能溝通上的認知差異，至關重要。

瞭解程式碼的歷史

我強烈建議開發人員在開始執行重構工作之前，就進行他們的程式碼考古探險，因為增加的背景資訊能為專案帶來不同的形態和方向。不幸的是，出於我們工作的緊迫性，我們跳過了理解和同理現有程式碼的努力過程，而直接去執行。直到我們開始遷移查詢之後很久，我才開始思考，當初為什麼要區分 teams_channels_members 與 groups_members。

隨著幾週的時間過去，還有幾十個查詢需要遷移，我對多餘的資料表和我們 SQL 查詢四處散落的方式感到越來越沮喪。我越是沮喪，專案感覺起來就越耗時（而為了更快達到終點線，我也越想抄捷徑）。

我們完成重構後，我聯繫了一些早期的工程師，以瞭解為什麼這些資料表要分開。我瞭解到，將私有和公開頻道的資訊放在不同的表上，可以將它們相互隔離，作為一種安全防範措施。產品歷史也起到了一定的作用：在 Slack 的早期，公開頻道和私有頻道感覺是截然不同的概念。隨著這兩個概念的逐漸融合，資料表的綱目也隨之變化。

事實證明，這種觀點對後續的重構很有幫助，對於如何將 teams_channels 與 groups 合併為它們自己的統一資料表提供了參考。這讓我對 Slack 早期歷史所做出的決定有了新的認識，也讓我對重構有了更積極的態度，把重構看作是改善某些東西的機會，這些東西可能在一段時間內一直對我們很有用，但現在已經不能用了，而不是作為改掉「壞」程式碼的機會。就是有過這種經驗，我才會在第 2 章中建議工程師花時間去瞭解他們尋求改進的程式碼是從哪裡來的，以及環境如何導致程式碼隨著時間推移而劣化。如果我們對程式碼有更多的同理心，我們就能在整個重構過程中保持更開放的心態並更有耐心。

確保足夠的測試涵蓋率

在第 1 章中，我曾斷言，重構前要有足夠的測試涵蓋率，以確保每一步都能正確地維持應用程式的行為。在這個專案中，我們要修改的絕大多數程式碼都是在 Slack 開發初期編寫的，由於要推動產品快速上市，很多程式碼都缺乏足夠的測試。整合頻道成員資料表的重構也面臨著巨大的時間壓力，當時我們最大客戶的效能是越來越大的隱憂，因此我們盡了最大努力小心翼翼地進行必要的修改，選擇只為尚未測試的最關鍵的程式碼路徑編寫測試。

這個決定導致我們在整個重構過程中產生了一些臭蟲，如果我們花時間編寫必要的測試，這些臭蟲都是可以避免的。可以說，我們從帶來的衰退中恢復所花費的時間，比一開始編寫測試所需的時間還要多。擁有足夠的測試涵蓋率對於順利進行重構是至關重要的，這可以防止你的客戶遭遇臭蟲，也能避免你的團隊還要花時間去解決這些問題。

讓你的團隊保有動力

與其繼續獨自耕耘，我應該在一開始就找到更好的方法，讓其他工程師更認真地參與，並在幾週後進度變慢時，再一次參與進來。最後 10% 的查詢和前 50% 的查詢遷移的時間差不多。我們成功改善了 VLB 的提及查詢後，我們開始失去剛推動專案時的緊迫感。每次出現一個新的臭蟲或不一致的資料，我們就會失去一點動力。到了專案快完成之時，一切的感覺就像推著巨石上山。

我們沒有考慮的是，向自己團隊以外的工程師尋求幫助。我們本可以更有策略地尋求其他產品工程團隊的協助，讓他們為自己的功能遷移查詢。我們原本也可以藉由展示他們將獲得的效能提升來向他們推銷這項工作。分散工作量可以讓我們將完成工作的時間縮短一半。

如果你的重構進度開始慢下來，請在進度進一步變慢之前，儘早找到方法來增加重構的推力。緩慢的重構更有可能亂了優先順序，留下卡在兩種狀態之間的大量程式碼，正如第 1 章所指出的那樣，這會衍生出它們自己的一系列問題。第 8 章介紹了一些保持團隊積極性的方法，如果你需要更多的支援，請不要猶豫！

專注於策略性的里程碑

我們有查詢 EXPLAIN PLAN 形式的初步資料來支援我們的假設，即合併兩個成員資料表將提高查詢效能。在重構的早期階段，我們需要進一步的證據來確認這一假設，以便在光是合併並不足以達到目標的情況下，有轉圜的憑藉。藉由專注在只進行足以實作 VLB 的提及查詢遷移的必要變更，我們在短短幾週內就獲得了所需的確認，並成功地減輕了 VLB 資料庫分片的負載，為我們贏得了更多的時間來完成重構的剩餘部分。

儘早證明你的重構的有效性，能確保你的團隊不會浪費任何時間繼續執行一個可能不會產生預期結果的冗長專案。把焦點放在策略性里程碑上，那些會從重構中受益的人就可以更早獲得這些好處。這可以幫助你的團隊，在重構仍在進行時進一步增強對此工作的支持力。關於如何確定策略性里程碑的更多細節，請參閱第 4 章。

找出並仰賴有意義的指標

我們有一套特定的指標，能讓我們證明專案在中間里程碑上是成功的，而且一旦推行完畢，也能證明對所有客戶都是有效的。藉由收集整合前後查詢的 EXPLAIN PLAN，我們就能在遷移每個更為複雜的成員資格查詢時，記錄進展情況。結合提及查詢與計時指標，我們就可以即時監控其效能，並立即看到正面的影響。

密切關注你的指標，有助於證明你的重構在整個開發過程中都朝著正確的方向發展。如果任何時候指標停止改善了（或者更糟的是，開始倒退了），你可以馬上深入研究，在問題出現時立即解決，而不是在專案結束時解決。關於如何衡量你的重構，請參考第 3 章的建議。

啟示

以下是我們整合 Slack 頻道成員表的重構工作最重要收穫。

- 制定一個詳盡的書面計畫並廣泛分享。

- 花時間瞭解程式碼的歷史，這可能會幫助你以一種更正面的新角度看待它。

- 確保你尋求改進的程式碼有足夠的測試涵蓋率。如果沒有，就投入編寫缺少的測試案例。

- 讓你的團隊保持動力。如果你們正在失去動力，找到有創意的方法加以提升。

- 專注於策略性里程碑，儘早並經常證明你的重構的正面影響。

- 找出並仰賴有意義的指標來引導你的工作。

第十一章

案例研討：
遷移至新的資料庫

共同作者 *Maggie Zhou*

基礎設施工程師，*Slack Technologies, Inc.*

在我們兩個案例研討章節的第二個案例中，我們將探討由 Slack 的產品工程團隊和基礎設施團隊的一組工程師所進行的重構。此專案奠基於上一章討論的整合後的頻道成員資料表。如果你還沒有讀過第一個研討案例，我建議你讀一讀，為了從本章中得到最多，那裡有你會想要瞭解一些重要的背景資訊。

與前一個主要是由效能驅動的研討案例不同，這個案例背後的動機主要是 Slack 希望產品能有更大彈性的需求。將頻道成員資格與不同工作空間的分片（shards）綁定在一起，使我們難以構建超越單一工作空間更複雜的功能。我們希望讓擁有多個工作空間的複雜組織能夠在同一組頻道中順利合作，並促進不同 Slack 客戶之間的溝通，讓公司能夠直接在應用程式中與其供應商協調。為了解鎖這種能力，我們需要依據使用者和頻道而非工作空間在資料庫中重新分配頻道成員資料的分片。這次重構闡明了大規模資料庫遷移、多季度專案和跨多職能工程工作所帶來的諸多挑戰。

這次重構之所以成功，是因為我們對需要解決的問題有很強的理解，以及我們不斷演進的產品策略使我們超越了過去的架構決策（第 2 章）。我們深思熟慮地規劃了這個專案，選擇了比嚴格意義上必要的數量還要多的變數，因為我們知道這將使重構更有價值（第 4 章）。我們制定了一個謹慎的推行策略，開發了能夠讓我們可靠執行該專案的工具（第 8 章）。最後，在整個重構過程中，我們維持一種簡單的溝通策略。

雖然此重構最終使我們有能力以有趣的新方式來擴展我們的產品，但這花費了幾乎是我們最初估計的兩倍時間才完成。我們的估計過於樂觀了（第 4 章）；我們花了一年多的時間才完成最初預計只需要 6 個月的工作。我們低估了重構對產品的影響，在花了幾個月的時間還進展甚微後，才學會善用產品工程師的專業知識（第 6 章）。

與之前的研討案例一樣，我們將從一些重要的背景開始，簡要概述為什麼我們分散資料的方式會成為瓶頸，以及我們採用新資料庫技術 Vitess 背後的動機。建立了堅實的基礎和重構的動機之後，我們將描述我們的解決方案，並帶你走過專案的每個階段。

工作空間共用的資料

為了理解我們試圖透過這次重構解決的問題，我們需要描述一下我們的資料在 MySQL 資料庫中的分散方式。在我們啟動重構之前，我們的絕大部分資料都是按工作空間（workspace）進行分片（shard）的，一個工作空間就是單一個 Slack 客戶。我們在之前研討案例中的「Slack 架構 101」中提過這一點，你可以在圖 10-3 中看到不同客戶的資料是如何分佈在不同分片上的。

雖然這種方式在若干年內運作得還不錯，但由於兩個原因，這種分片方案（sharding scheme）變得越來越不方便。

首先，從營運的角度來看，我們很難支持我們最大的工作空間分片。我們最大、成長最快的客戶所在的分片區經常出現容易產生問題的熱點。這些客戶已經佔據了獨立的那些分片，他們的資料規模即將達到我們無法再升級他們硬體空間的程度。由於沒有簡單的機制可以水平分割他們的資料，我們陷入困境了。

其次，我們正對產品進行重要的變革，這些變化積極引導我們打破工作空間之間長久以來確立的壁壘，包括我們程式碼的編寫方式和資料組織的方式。我們建立了一些功能，讓我們最大的客戶能夠將多個工作空間連接在一起，並推出了讓兩個不同的 Slack 客戶在他們共用的頻道中直接溝通的能力。

我們產品願景和系統架構方式之間的不協調意味著我們的應用程式變得越來越複雜。這是由於產品需求轉變而導致程式碼退化的完美例子（你可能還記得第 2 章說過的！）。為了更具體說明這個問題，在這個研討案例開始之前的一年裡，我們有時需要查詢三個不同的資料庫分片才能成功找出一個頻道及其成員。這讓我們的開發人員感到困惑，因為他們必須記住正確的步驟才能獲取並處理與頻道相關的資料。

為了解決我們 MySQL 的營運問題和擴展困難，我們開始評估其他的儲存方案。在權衡了多種解決方案後，團隊決定採用 Vitess（*https://vitess.io*），這是在 YouTube 建立的一個資料庫叢集系統（database clustering system），能讓我們進行 MySQL 的橫向擴展。遷移到 Vitess 後，我們終於可以透過工作空間以外的東西來對資料進行分片，讓我們有機會在最繁忙的分片上釋放空間，並以一種讓我們的工程師更容易推理的方式來分配資料！

將 channels_members 遷移至 Vitess

考慮到這些情況，我們決定將頻道成員表 channels_members 遷移到 Vitess 上。因為這是我們流量最高的資料表之一，重新安排它的分片將釋放相當大的空間，並從我們最繁忙的工作空間分片卸除負載。這個遷移還將大大簡化跨工作空間邊界擷取頻道成員資格的業務邏輯。

該專案由 Vitess 基礎設施團隊領頭，並得到了一些產品工程師的協助，他們對我們針對 channels_members 表的應用查詢模式有深入的瞭解。我們知道這將是一個成功的組合。基礎設施工程師將貢獻深厚的資料庫系統知識，這樣我們就可以在遷移過程中避免任何陷阱，並在出現與資料庫相關的問題時有效地進行除錯。由於他們在資料表遷移方面擁有最新、最專業的知識，所以他們最適合領導這個專案，由 Maggie 掌舵。產品工程師，包括我在內，將對新的綱目和分片方案提供重要的見解，並幫忙改寫應用邏輯以正確查詢遷移後的資料。

我們創建了一個叫作 #feat-vitess-channels 的新頻道，在這個頻道裡，我們可以輕鬆地互相交流想法、協調工作流程，從而認真地開始了工作。我們邀請大家加入，並立即投入到我們的第一個任務中。

分片方案

在我們開始將頻道成員資料移轉到 Vitess 之前,我們需要決定如何分配資料(即使用哪些鍵來為該資料表分片)。在此我們有兩個選擇:

- 依據頻道(channel_id),藉由查詢單一分片來輕鬆定位與某個頻道相關的所有成員資格。

- 依據使用者(user_id),藉由查詢單一分片來找出一名使用者的所有成員資格。

因為那時剛完成對成員資格表的整合(也就是我們的第一個研討案例),我的印象是,大多數查詢都是為了獲取某個頻道的成員資格,而不是某個使用者的。這些查詢中有許多對於應用程式來說都是至關重要的,它們為 Search 等重要功能提供了動力,而且能讓我們提及一個頻道中的每個人(藉由 @channel 或 @here)。

當時(並直至今日),我們會從所有的資料庫查詢抽出一些樣本記錄到我們的資料倉儲(data warehouse)中,以瞭解對我們生產系統的請求中 MySQL 的使用情況。為了證實我的直覺,即大多數送至 channels_members 的流量都仰賴 channel_id,我針對這些資料運行了一些查詢,查看了一個月的時間裡執行的成員資格查詢樣本,並將其帶到了團隊中。結果如圖 11-1 所示。

#	filters by channel ID	count
1	true	846150562
2	false	770456108

圖 11-1　針對 channels_members 執行並以 channel_id 過濾的查詢次數

跟我們一起工作的一名產品工程師對 Vitess 有更多的經驗,他指出,依據使用者進行分片可能是更好的選擇。根據同一組查詢日誌,他向我們展示針對該資料表,並以 user_id 過濾的前 10 個最頻繁的查詢。結果如圖 11-2 所示。如果我們希望應用程式表現良好,我們就得考慮到這種行為。

#	sql	filters by channel ID	count
1	SELECT * FROM channels_members FORCE INDEX (PRIMARY) WHE…	true	1129091681
2	SELECT * FROM channels_members WHERE team_id=%team_id AND…	true	268354996
3	SELECT cm.channel_id AS channel_id, cm.last_read, c.is_shared, c.is_m…	true	218944219
4	SELECT 'team_id','channel_id','user_id','date_joined','date_deleted','l…	true	134941810
5	UPDATE channels_members SET 'last_read'=%last_read, 'last_read_ab…	true	128874281
6	UPDATE channels_members SET 'last_read' =%last_read, 'last_read_ab…	true	86645894
7	SELECT 1 as count FROM messages m JOIN channels_members c ON…	false	69190411
8	SELECT channel_id, is_general, c.channel_type, name, date_archived, la…	false	65318561
9	SELECT c.* FROM %field:table c JOIN channels_members cm ON cm.c…	false	62554095
10	SELECT team_id, channel_id,user_id FROM channels_members WHER…	false	57343805

圖 11-2　對 channels_members 最頻繁的 10 個查詢，以及它們是否有以 user_id 過濾資料

我們權衡了這兩種方案，做了一些簡單的計算，以判斷支援兩種方案所需的資料庫查詢能力。我們最終決定妥協，將成員資格解除正規化（denormalizing）為兩個資料表，一個表依據使用者分片，另一個表依據頻道分片，為兩種用例進行雙寫。這樣一來，點查詢（point queries）對兩者來說成本都很便宜。

發展一個新的綱目

接下來，我們需要認真審視既有的依據工作空間分片（workspace-sharded）的資料表綱目（table schema），並決定是否要為了依據使用者分片（user-sharded）和依據頻道分片（channel-sharded）的用例進行修改。雖然我們可以將現有的綱目遷移到這兩種分片方案中，但這次重構給了我們一次獨特的機會，讓我們重新思考在原始資料表設計中所做出的一些決定。我們將從使用者分片開始，仔細查看我們為每個分片推衍出的綱目。範例 11-1 顯示了遷移前工作空間分片上的綱目。

範例 *11-1* 這個 *CREATE TABLE* 述句顯示現有的 *channels_members* 資料表，以工作空間分片

```
CREATE TABLE `channels_members` (
  `user_id` bigint(20) unsigned NOT NULL,
  `channel_id` bigint(20) unsigned NOT NULL,
  `team_id` bigint(20) unsigned NOT NULL,
  `date_joined` int(10) unsigned NOT NULL,
  `date_deleted` int(10) unsigned NOT NULL,
  `last_read` bigint(20) unsigned NOT NULL,
  ...
  `channel_type` tinyint(3) unsigned NOT NULL,
  `channel_privacy_type` tinyint(4) unsigned NOT NULL,
  ...
  `user_team_id` bigint(20) unsigned NOT NULL,
  PRIMARY KEY (`user_id`,`channel_id`)
)
```

以使用者分片的成員資格表

對於使用者分片的情況，我們決定保留大部分的原始綱目，但有一個例外：我們對儲存使用者 ID 的方式做了重大的改變。為了理解這個決定背後的動機，我們將簡要介紹一下我們儲存的兩種使用者 ID 以及它們是如何產生的。

在本章開頭，我們簡短地提到，Slack 試圖讓複雜的業務變得可能，按照部門或業務單元分割成多個工作空間，更容易協作。在非集中化的情況下，不僅員工難以進行跨部門溝通，公司也很難對每個獨立的工作空間進行妥善管理。為此，我們讓我們最大的客戶可以將他們眾多的工作空間集中到一個地方。

不幸的是，在對工作空間進行分組時，我們需要一種方法來保持使用者的同步。讓我們用一個簡單的例子來說明這裡的運作方式。

Acme Corp. 是一家大公司，它有許多部門，每個部門都有自己的工作空間，包括工程團隊和客戶體驗部門的工作空間。身為 Acme Corp. 的員工，你有一個組織層級的使用者帳號。如果你恰好是一名工程師，你就是 Engineering 工作空間的成員，可以與你的隊友協作，而 Customer Experience 工作空間則幫忙支援團隊解決客戶問題。

然而，從 Acme Corp. 角度來看是單一帳號的東西，實際上在底層是多個帳戶。在組織層級，一名使用者會有一個標準的使用者 *ID*（*canonical user ID*）。同一名使用者在他們所屬的每個工作空間都有不同的區域使用者 *ID*（*local user ID*）。這意味著，如果你

是 Engineering 和 Customer Experience 工作空間的成員，你就會有三個獨特的使用者 ID，或者概括地說，n + 1 個 ID，其中 n 是你作為其成員的工作空間的數量。

正如你所想像的那樣，這些 ID 之間的轉譯很快就變得非常複雜，而且容易出現錯誤。在推出這個功能的一年內，就有一些產品工程師制定了一個計畫，打算用**標準使用者 ID** 取代所有的**區域使用者 ID**。由於 Slack 系統中儲存的大部分資料都會提到某種使用者 ID（編寫訊息、上傳檔案等），因此正確（且無形地）改寫這些 ID 涉及到很高的複雜性。

以工作空間分片的 channels_members 表在 user_id 那欄中儲存了**區域使用者 ID**。因為有一個專案已經在進行中，要以標準使用者 ID 替換所有區域使用者 ID，我們決定與他們合作，確保我們在所有使用者 ID 欄中儲存標準使用者 ID。

以頻道分片的資料表綱目

除了我們對使用者 ID 的擔憂，我們還對次要的、以頻道分片的成員資料表的寫入頻寬感到不安。我們檢視了計畫發送到這些分片的查詢，試圖找出可以減少寫入流量的方法。在這個過程中，我們注意到，原始資料表上大部分的欄位完全沒有被它們的消費者使用，包括那些更新頻率最高的欄位，像是使用者在頻道中最後一次讀取的位置。舉例來說，如果我們查詢與某個頻道相關聯的所有成員資格，應用邏輯通常只會使用 user_id 和 user_team_id 欄位。藉由在新的綱目中省略這些不必要的欄位，我們可以大幅降低寫入頻率，讓我們的頻道分片有更多的呼吸空間。範例 11-2 顯示了以頻道分片的成員資格表的資料表綱目。

範例 *11-2* *CREATE TABLE* 述句建立我們第二個 *channels_members* 表，以頻道分片

```
CREATE TABLE `channels_members_bychan
  `user_id` bigint(20) unsigned NOT NULL,
  `channel_id` bigint(20) unsigned NOT NULL,
  `user_team_id` bigint(20) unsigned NOT NULL,
  `channel_team_id` bigint(20) unsigned NOT NULL, ❶
  `date_joined` int(10) unsigned NOT NULL DEFAULT '0',
  PRIMARY KEY (`channel_id`,`user_id`)
)
```

❶ 將 team_id 更名為 channel_team_id。

拆解 JOIN

接下來，我們需要更新我們的應用邏輯，以適應我們綱目的變化，並指向 Vitess 叢集。值得慶幸的是，這些變化大部分都是直接的，在我們發現之前，我們就已經據此更新了大部分的應用邏輯。

使遷移變得更加困難的是，涉及到與我們 MySQL 叢集中其他資料表進行 JOIN 的複雜查詢。因為我們要將資料表轉移到一個全新的叢集中，我們無法再支援這些查詢，只能將它們拆分成更小的點查詢，直接在應用程式碼中進行 JOIN。

我們在專案一開始就知道，我們很可能需要拆分一些 JOIN 查詢。我們沒有預料到的是，它們大多數都是 Slack 的核心功能，並且經過了多年精心的手動調整，以保證效能。為了拆分這些查詢，我們可能遭遇諸多風險，從減慢通知速度，到導致資料外洩，甚至完全癱瘓 Slack。我們相當緊張，但我們還是得繼續推進。

我們暫停了日常的遷移工作，並編制了一份清單，列出我們最關心的查詢，共有 20 個。梳理完這套清單後，我們擔心自己沒有足夠的產品專業知識來充分理解每一個查詢。我們估計，如果沒有任何來自產品工程的額外說明，我們將需要幾個月的時間才能成功拆解每一個 JOIN。幸運的是，一些產品工程師響應了我們的求助，我們一起開發了一個簡單的流程，可以應用這個流程安全地拆分每一個查詢。

為了說明每一個步驟，我們將介紹如何拆分範例 11-3 中所顯示的查詢，該查詢負責決定使用者是否有權查看某個特定檔案。

範例 11-3　一個要解析的範例 JOIN；% 代表替換語法

```
SELECT COUNT(*)
FROM files_shares s
LEFT JOIN channels_members g
  ON g.team_id = s.team_id
  AND g.channel_id = s.channel_id
  AND g.user_id = %USER_ID
  AND g.date_deleted = 0
WHERE
  s.team_id = %TEAM_ID
AND s.file_id = %FILE_ID
LIMIT 1
```

我們得找出我們最早可以擷取的最小資料子集，這能幫助我們儘早最小化我們需要處理的資料交集。

對於檔案可見性（file visibility）的查詢，我們從典型的使用模式中知道，一個檔案被分享的地方數，通常比一名使用者所在的頻道數要少得多（我們也可以檢視查詢的「基數（cardinality）」來驗證這個假設）。因此，我們不先查詢使用者的頻道成員資格，並將其與分享檔案的頻道進行交叉比對，而是先擷取分享該檔案的那些位置，然後判斷使用者是否有在這些頻道中。你可以在範例 11-4 中看到將查詢拆分成兩個部分的例子。

範例 11-4　帶有 files_shares 的 JOIN 被拆分成兩個查詢

```
SELECT DISTINCT channel_id
FROM files_shares
WHERE team_id=%TEAM_ID AND file_id=%FILE_ID

...

SELECT COUNT(*)
FROM channels_members
WHERE
  team_id=%TEAM_ID
  AND user_id=%USER_ID
  AND channel_id IN (%list:CHANNEL_IDS)
LIMIT 1
```

然後我們驗證測試涵蓋率是否足夠。如果不夠，我們將編寫一些額外的測試案例來驗證原始查詢的結果。一旦我們感到滿意，就將新邏輯包裹在一個實驗中，以便逐步推行，並使我們有能力在緊急情況下快速復原。我們針對這兩個實作進行了測試，修正任何出現的錯誤，並重複這個過程，直到我們對新的邏輯充滿信心為止。最後，我們在這兩個呼叫上加裝了一些計時指標，以追蹤 JOIN 及其拆分版本的執行時間。範例 11-5 提供了一個粗略的輪廓，顯示檔案可見性檢查的兩種查詢實作搭配相應的計時工具看起來的樣子。

> 對於風險較高的查詢拆分（包括檔案可見性），我們與品保（quality assurance）團隊合作，在推行至更多用戶之前，在開發環境和生產環境中，手動驗證了這一變化。我們尋求拆分的大多數 JOIN 都涉及到關鍵的 Slack 功能，所以我們想要特別小心，以確保我們的更改能完美複製預期行為。

範例 11-5　判斷使用者是否能看到特定檔案的函式

```php
function file_can_see($team, $user, $file): bool {

  if (experiment_get_user('detangle_files_shares_query')) {
    $start = microtime_float();

    # 首先我們想要找出該檔案被分享的所有頻道
    # 因為我們可以分享一個檔案到相同頻道多次，
    # 我們可能會找到多個 files_shares 資料列
    # 它們具有相同的頻道 ID
    # 但被分享的時間時戳卻不同。
    $channel_ids =
      ud_files_shares_get_distinct_channel_ids(
        $team,
        $file['id']
      );

    # 接著，我們希望找出這兩個東西的交集（intersection）：
    # 該檔案被分享的頻道（$channel_ids）以及
    # 該名使用者所屬的頻道。
    $membership_counts =
      ud_channels_members_get_counts(
        $team,
        $user['id'],
        $channel_ids
      );

    $end = microtime_float() - $start;

    # 如果至少有一個成員資格資料列存在，那麼該名使用者
    # 就能看到該檔案。若非如此，該名使用者就無法看到該檔案。
    _files_can_see_unjoined_histogram()->observe($end);
    return ($membership_counts['count'] > 0);
  }

  $start = microtime_float();
  $sql .=  "SELECT 1 FROM files_shares s
      LEFT JOIN channels_members g
      ON g.team_id = s.team_id
        AND g.channel_id = s.channel_id
        AND g.user_id = %USER_ID
        AND g.date_deleted=0
      WHERE s.team_id = %TEAM_ID
        AND s.file_id = %FILE_ID
        AND (g.user_id > 0) LIMIT 1";
```

```
$bind = [
  'file_id' => $file['id'],
  'user_id' => $user['id'],
  'team_id' => $team['id']
];

$ret = db_fetch_team($team, $sql, $bind);
$end = microtime_float() - $start;
_files_can_see_join_histogram()->observe($end);

return (bool)db_single($ret);
}
```

在推行至真正的客戶之前，我們在自己內部的 Slack 實體中啟用了新的實作。這是一個重要的步驟，可以確認我們是否正確攝入了計時指標，並進一步確保我們沒有無意中引入臭蟲。

Slack 的工作空間有各式各樣的奇事，而我們的使用模式也不一定與客戶的使用模式相吻合。雖然這經常成為早期發現臭蟲的一個不錯的試金石，但工作空間並不適合幫助我們判斷拆解後的查詢所帶來的額外延遲是否可以接受。對於這些 JOIN 的一個子集，拆解後的查詢之效能在我們自己的工作空間上惡化的特別嚴重，隨著我們繼續推行至免費團隊，然後是更大型的付費客戶，指標才趨於穩定。

我們幾乎對每一個 JOIN 都重複了這個過程，小心翼翼地將查詢切開，在其上設置測量儀器，然後逐步推行至客戶。唯一的例外是兩個討厭的提及查詢，我們有幾個月的時間都沒去處理它們。不幸的是，這些查詢帶來了一些獨特的挑戰，包括對正在進行 Vitess 遷移的資料表進行 JOIN。我們決定推延它們的遷移，直到所有的子組件都正確到位了再動手。整體而言，我們有五個人斷斷續續花了大約六週，在重構和其他任務之間分配時間，才完成了大部分 JOIN 的遷移工作。

一般而言，重構並不會完全按照計畫進行，我們會遇到一些障礙，要求我們重新調整優先順序，或者某些情況下，在某一步驟進行到一半時停止，等待以後再繼續進行。雖然按下暫停鍵並換擋的感覺非常不舒服，但有時會對我們及時交付整個專案的能力產生重大的影響。

對於這項工作來說，若是等待我們所依賴的其餘遷移完成，就會讓重構的時間推遲幾個月。選擇帶著我們已經成功改寫的絕大多數 channels_members 查詢繼續推進，我們才有辦法取得進展，並在問題出現時發現它們。最終到了再次重新審視這些提及查詢之時，我們已經處於一個更加穩定的位置。

一次困難的推行

當我們開始遷移 channels_members，我們的每秒查詢（queries per second，QPS）總量中約有 15% 是由 Vitess 所支援的。我們已經遷移並重新分片了關鍵的工作負載，例如與通知相關的資料表，以及負責列出每個 Slack 客戶實體的 teams 資料表。我們建立了可靠的技巧和工具，方便近 20 次的遷移，再配合儀表板和一個框架，以有效地比較新舊叢集的資料集。

然而，channels_members 的遷移是獨一無二的，因為它本身就佔了我們總查詢負載的近20%，幾乎是我們在 Vitess 上剛學會管理的 QPS 的兩倍。由於規模太大，我們很擔心在遷移過程中會遇到意想不到的問題。即便如此，我們還是非常想要把這些更可觀的工作負載從 MySQL 上卸除，因為它在我們最大的客戶的負載之下苦苦掙扎。我們陷入了兩難的境地。

我們最好的選擇是依靠之前 Vitess 遷移過程中我們建立的遷移工具。我們希望它用於這個資料表也足夠穩定。

我們為啟用遷移而發展的推行過程包括四種高階模式：

1. Backfill（回填）模式

在這個階段，我們對新叢集（採用新的分片方案）和舊叢集雙寫查詢。這種模式進一步允許我們用舊叢集現有的資料來回填我們的新叢集。

2. Dark（暗）模式

此模式向兩個叢集發送讀取流量（read traffic），並比較結果，記錄從新的 Vitess 叢集檢索到的任何資料差異。讀取流量的消費者會得到從舊叢集檢索的結果。

3. Light（明）模式

這種模式將讀取流量發送到兩個叢集，同樣比較結果，並記錄出現的任何差異。然而，Vitess 的結果不是從舊叢集回傳，而是回傳 Vitess 的結果給應用程式。

4. Sunset（日落）模式

在這個階段，我們繼續對兩個叢集進行雙寫，但只向 Vitess 叢集發送讀取請求。這種模式讓我們能夠停止從兩個不同的資料來源讀取資料的昂貴過程，同時使任何下游消費者能夠繼續仰賴儲存在舊叢集中的資料，直到它們被更新為從 Vitess 進行讀取為止（這包括我們的資料倉儲等系統）。在此階段，若有發現任何問題，唯一的選擇就是進行修復，沒有簡單或安全的方法能復原，從舊有資料來源消耗資料。

快速、簡單的配置部署使我們能夠輕鬆地在不同模式之間進行切換，並增強或減弱單一模式。該系統還為我們提供了相當精細的控制，使我們能夠迅速地將客戶和使用者的層級設定為不同的模式。我們利用這些設置的優勢，在遇到任何問題時，可以快速地進行調整或回復。

Backfill 模式

每一次遷移都是從 *Backfill* 模式開始的。在此模式下，有兩個主要目標。第一個目標是為執行舊叢集資料的完整回填奠定基礎，以準備遷移讀查詢。對於我們之前的大多數遷移來說，這個階段相當簡單，新叢集的寫入查詢將與舊叢集相應的寫入查詢完全相同（或幾乎相同）。由於我們正積極更改資料模型，我們最終不得不改寫我們應用程式的許多 SQL 查詢，以符合我們的新綱目（包括正確地傳播 share_type，並將區域使用者 ID 翻譯成它們對應的標準 ID）。幸運的是，由於之前在第 10 章中討論過的整合，我們能夠輕易識別出每個需要改寫的查詢。

第二個目標是揭示與新叢集寫入負載相關的效能問題。對於這些遷移中的大多數，我們認為 *Backfill* 和 *Dark* 模式對生產環境中應用程式的效能影響相對較小（如果有的話）。這主要是因為：

- 我們使用 Hacklang 的 async 合作多工（cooperative multitasking）模式，同時向兩個叢集發送查詢。在 Vitess 中，我們對抵達新叢集的查詢設置了一個很短的、1 秒（1s）的逾時時間，這樣在最壞的情況下，這些查詢的效能損失（performance penalty）會是 1s 減去從舊叢集執行查詢的時間。

- 我們還沒有將結果從 Vitess 叢集回傳給應用程式！這將發生在 *Light* 模式下。

事實再次證明，我們的假設在這次遷移中是錯誤的。我們遷移 channels_members 的使用者分片 Vitess 資料庫叢集已經被高使用率的生產資料所充填（包括儲存下來的訊息和通知）。當我們啟動 *Backfill* 模式，Vitess 上的資料庫資源開始飽和，導致對已經存在於該叢集上關鍵資料表的查詢逾時和錯誤。深入研究後，我們發現有一些更新和刪除查詢缺乏我們的分片鍵值（user_id），因此它們分散在叢集中的各個分片上。我們對配置進行了修改，以便這些查詢能以更高效率執行，然後試探性地啟動了 *Backfill* 模式的第二次逐步提升。我們很快就達到了 100%，並開始下一個階段，*Dark* 模式！

Dark 模式

我們進入了重構的 *Dark* 模式部分，仔細改寫了大部分的 channels_members 查詢（包括許多麻煩的 JOIN），以便從 Vitess 進行讀取，並在三個多月內成功完成了回填過程。由於我們的遷移系統能讓我們為查詢的子集選用不同的階段（也就是說，一個查詢可以處於 *Dark* 模式，而另一個查詢則處於 *Light* 模式），為了盡量將重構工作平行化，我們在改寫所有查詢以正確地從 Vitess 叢集讀取之前，就開始加大 *Dark* 模式的力度。

Dark 模式和 *Backfill* 模式一樣，有兩個主要目標。同樣地，我們的目標之一是揭露與被發送到新叢集的讀取流量有關的任何潛在效能問題。

效能

當我們開始增加從 Vitess 讀取資料的流量時，我們注意到一些 QPS 較高的查詢回傳的資料列數非常驚人。高 QPS 與回傳的大量列數相結合，使得每秒回傳的總列數是我們叢集中最大的。圖 11-3 顯示，在高峰期，我們每秒從單個分片的 channels_members 表中回傳大約 9,000 列。事實上，這些查詢是如此的頻繁和記憶體密集，以至於它們導致記憶體耗盡（ut-of-memory，OOM）錯誤淹沒了資料庫主機本身！在我們加大力道後的幾天內，每天都會看到我們的主機裡有 1/256 記憶體耗盡。

起初，我們認為是雲端運算供應商出了問題，或是我們配置最大資料庫叢集的方式出了問題。最終，我們意識到這不是配置上的失誤，也不是隨機的運氣不佳，我們就迅速減弱力道，以開始隔離出 OOM 的來源。

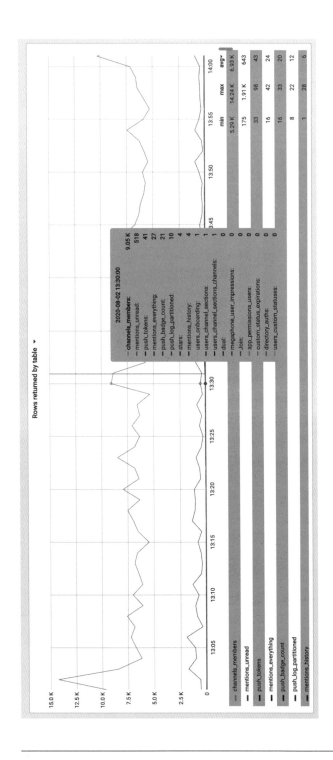

圖 11-3　從單一分片上的 +channels_members+ 所回傳的資料列

圖 11-4 顯示我們每週狀態更新時所遭遇的 OOM 意外。

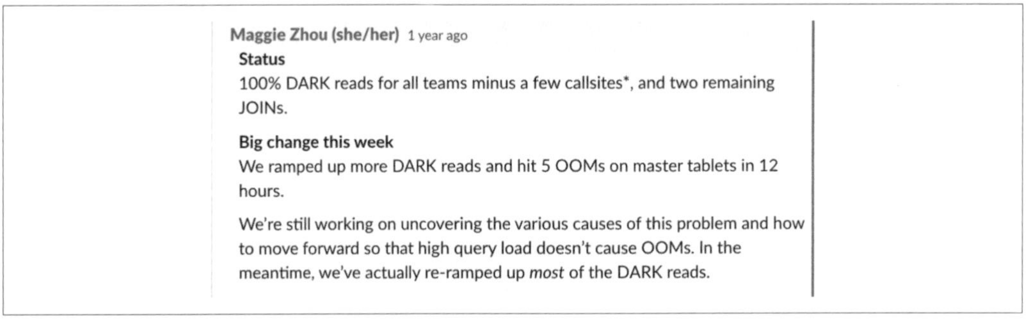

Maggie Zhou (she/her) 1 year ago
Status
100% DARK reads for all teams minus a few callsites*, and two remaining JOINs.

Big change this week
We ramped up more DARK reads and hit 5 OOMs on master tablets in 12 hours.

We're still working on uncovering the various causes of this problem and how to move forward so that high query load doesn't cause OOMs. In the meantime, we've actually re-ramped up *most* of the DARK reads.

圖 11-4　每週的專案狀態報告提到 OOM

重構是基礎設施團隊內部和整個工程組織中的一個高優先序專案。從資料庫可靠性的角度來看，將 channels_members 轉移到 Vitess 是繼續磨練我們操作新系統經驗的重要一步，所以當這些 OOM 錯誤被證明是特別難以捉摸的時候，我們開始與 Slack 的整個資料庫團隊合作，直接在我們為協調這個工作而設立的 #feat-vitess-channels 頻道中從各個角度進行除錯。我們嘗試調整 MySQL 行程的記憶體配置，從 MySQL 和作業系統兩個層面深入瞭解記憶體碎片化（memory fragmentation）和配置的問題。在這個過程中，我們升級了 MySQL 的次要版本以使用一個新的設定，讓我們能為緩衝集區（buffer pool）設定非均勻記憶體存取（nonuniform memory access，NUMA）的交錯策略！同時，我們繼續拆分更多的 JOIN，並開始增加更多的 *Dark* 模式查詢負載。每一次，我們都以為可能不會再遇到 OOM 了，結果隨著我們加大負載，只是很失望的發現，OOM 又不停出現。

此時，專案剛越過六個月的大關，抹殺了我們最初的估計。整個團隊感覺起來很像我們一直在前進兩步，後退一步。經過幾週的嘗試錯誤，我們發現 Slack 的其他儲存系統（包括我們的監控叢集和 Search 叢集）曾在 min_free_kbytes 的值太小時遇到問題，這是一個低階的核心設定，負責控制核心決定釋放記憶體的積極程度。這個值越大，核心就會給自己更多的喘息空間，從 RAM 釋放更多的資料。由於大量的查詢在高 QPS 之下回傳了為數可觀的資料列，我們會不時遇到需要突然配置大量 RAM 的請求，導致 OOM 錯誤的產生，因為核心釋放 RAM 的速度沒快到足以回傳結果。將 min_free_kbytes 這個值調高，使我們的主機能夠更好地管理與這些查詢相關的記憶體壓力，最終解決了我們的 OOM 問題。

我們在 *Dark* 模式階段花了整整八個月的時間；這個階段花的時間不僅比我們最初預估的整個專案要花的時間還要多，而且完成專案之後，整體計算起來，它佔據了全部工作量的將近三分之二。到底發生了什麼事？

資料上的差異

變更了組態之後，我們可以放心地將 100% 的流量導向 Vitess 叢集，而不會影響整個網站的效能。此時，幾乎所有的 JOIN 都被拆解了，所有的點查詢也更新為從 Vitess 叢集讀取。在這第二步中，我們的主要目標是揭示這些新查詢回傳的資料集是否有任何差異。我們可以輕易地將兩組資料並排比較，因為我們同時針對新的和舊的叢集執行我們的查詢，並在遇到差異時記錄起來（使用現有查詢的結果比對作為真相源頭的傳統資料來源）。我們以多種方式匯總差異，這樣我們就可以對需要解決的問題之範圍有一個廣泛的認知，不僅是在有某對回傳的結果不同時，記錄主鍵（primary keys）而已。

我們在這個階段花了幾週的時間，細緻地梳理差異。由於我們的使用者分片（user-sharded）方案比原本工作空間分片（workspace-sharded）的 channels_members 表包含更多的資訊，所以在改寫過程中，我們要處理的變數比原來多得多。我們試圖為負責共用頻道和 Enterprise Grid 的工程師改善開發體驗，這要求我們在遷移每個查詢時都要仔細考慮棘手的產品邏輯。這意味著與一對一的遷移（目前為止我們遷移到 Vitess 的每個表都是如此）相比，出錯的可能性要大得多。

資料集中大部分的差異都可歸因於某個單一的問題；修復單個實例往往會導致記錄到的差異量大幅減少。舉例來說，如果在舊有系統上，我們選擇的欄位集合與在 Vitess 上的不同，那麼每次查詢都會回傳不相符的結果，使得一個 diff 被記錄下來。正如我們在圖 11-5 中所展示的那樣，找到並修復差異以忽略不匹配的欄位，會使以頻道分片（channel-sharded）的資料表上記錄到的 diff 數量從所有查詢的 10% 下降到只有 0.01%。

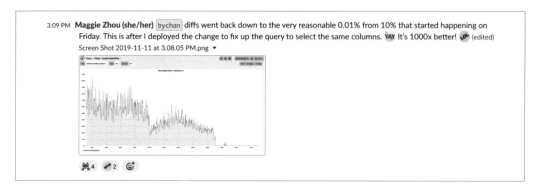

3:09 PM **Maggie Zhou (she/her)** [bychan] diffs went back down to the very reasonable 0.01% from 10% that started happening on Friday. This is after I deployed the change to fix up the query to select the same columns. 🙌 It's 1000x better! 🎉 (edited)

Screen Shot 2019-11-11 at 3.08.05 PM.png ▾

圖 11-5　減少以頻道分片的 `channels_members` 資料表上的差異

這是圖 11-5 的 Slack 訊息中圖表的特寫：

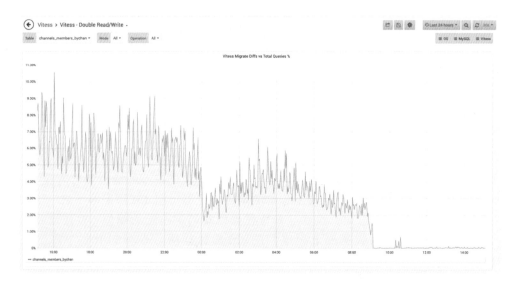

唉，並不是所有的差異都那麼容易解決。讀過資料集的差異之後，我們發現了用於共用頻道的邏輯一些不太正確的地方，還有我們在回填時犯了的幾個錯誤。這是一項繁瑣的工作，而且由於可能會對產品所產生的影響，很多時候我們都需要對應用程式的內部運作有深刻的理解才行。雖然我們的操作隱藏在功能旗標和實驗之間，但我們所做的改變對我們的生產系統有實際的影響，必須非常謹慎地進行。考慮到這些因素和專案進展緩慢的事實，我們向產品工程部要求了更多的資源。

新人的加入為專案帶來了新的動力。我們這些已經參與了好幾個月的人都渴望從新的角度看待我們所面臨的許多問題。我們用結對的方式讓新工程師迅速成長，聯手除錯了一小組資料差異。這是展示 Vitess 遷移工具和分階段推行程序，以及討論新綱目的完美背景。雖然工作很繁瑣，但有了更多工程師的幫忙，我們大幅提升了我們的動力，並消除了最後的一些差異。我們並沒有達到零差異，而是滿足於 99.999% 的正確率。因為我們知道，使用者在 Slack 中讀取訊息時，每個 channels_mem 資料列可能都會快速變化，移動它們的 last_read 游標狀態，所以我們並不在意一些因為快速讀寫所造成的差異。深入研究剩下的 0.001% 的差異，在發生差異後直接在資料庫中檢查資料列時，我們注意到那些資料列會收斂到相同的狀態。

總結 *Dark* 階段是很重要的工作。知道百分之百的 channels_members 流量都能在 Vitess 上以高效能的方式執行，**並且**回傳正確的結果，這對重構的整體成功絕對是至關重要的。雖然我們尚未全部完成，但能為 *Dark* 模式畫上句號，讓大家都鬆了一口氣。最後，我們已經準備好為公司內部的一小部分測試版使用者開啟 *Light* 模式。

Light 模式

在 *Light* 模式之下，我們想測試一下對 Vitess 叢集執行查詢所獲取的資料，以證明將流量切換到我們的新資料表，不會為使用者帶來任何劣化情況。我們相當有信心，錯誤相對會比較少，這在很大程度上是因為在前幾個階段中，完成了解決資料差異的工作。然而，由於頻道成員資格是 Slack 的核心，若有任何臭蟲，後果可能相當嚴重。因此，我們小心翼翼地開始了 *Light* 模式的啟用，最初是由 Slack 的一小群志願者組成，最終目標是對我們整體客戶群都啟用。

大部分工作都很順利，但我們很快就遇到一個問題：有時加入一個頻道後，使用者會無法發送訊息。我們立即加大了實驗的力度，並深入研究了查詢日誌，我們在所有資料庫主機上保存長達兩個小時的這種日誌。這些日誌讓我們能夠輕易進行除錯，方便我們撈出給定頻道中，使用者的成員資料列上的任何修改，以及做出這些修改的呼叫者。

我們很快就找出了罪魁禍首：一個背景行程，會在任何 Grid 使用者加入他們之前曾是其成員的工作空間級頻道（workspace-level channel）後觸發，並把具有標準使用者 ID 的成員列替換為用戶的區域使用者 ID。這是個問題，因為我們在 Vitess 中的新資料庫綱目刻意用了標準的使用者 ID。在該行程改寫了使用者 ID 之後，我們就無法再找出使用者的成員資格列，從而使得他們無法發送訊息。

我們很疑惑為什麼會存在這個行程，也很想知道我們是否需要保留這種奇怪的行為，還是說我們發現了一個更惡毒的問題。藉由考察前幾年的 Slack 對話和 git 歷史，我們發現這些程式碼是為了解決 Enterprise Grid 功能特有的問題而編寫的，其中我們有時會以標準使用者 ID 編寫預留位置用的成員資格列，並在使用者重新加入這些頻道後更新它們。

這個問題並沒有在我們 Dark 模式階段檢查到的差異中顯現出來，也沒有在幾輪人工品保（QA）程序和我們編寫的單元測試中出現，因為它只在極不常見的精確情況下才能重現。幸運的是，我們確定這個行程不再需要了，於是完全刪除了它。問題解決了！

從開始到結束，我們花了一個月的時間向所有客戶啟用 Light 模式。一旦我們對 Vitess 叢集中資料的整體正確性有了信心，與我們的志願者小組一起，我們繼續增加了力道。我們從自己的 Slack 實體開始，然後繼續向免費層的團隊啟用，接著是付費客戶，最後是我們最大的 Enterprise 客戶。我們在啟用的過程中注意到，我們擁有最多共用頻道的客戶在查看一個頻道（conversations.view）時，所呼叫的 API 上出現了逾時現象。我們很快就注意到，在 API 呼叫過程中執行的一個 Vitess channels_members 查詢出現了逾時。遺憾的是，由於該查詢的體積相對較小，我們在 Dark 模式階段並沒有被提醒到這個問題。我們立即為客戶停用了 Light 模式，修復了查詢後，再馬上重新啟動。

Sunset 模式

在成功為所有客戶啟用 Light 模式後僅僅三天，我們就開始了最後的階段，即 Sunset 模式。在這個階段中，雖然我們繼續對兩個資料來源進行雙寫，但我們只將讀取流量繞送（routed）到新的 Vitess 叢集。藉由對我們的使用者啟用 Sunset 模式，我們讓超載的傳統系統之查詢負載降低了 22%，給了它們急需的喘息空間。圖 11-6 顯示了我們在各工作空間分片中觀察到的查詢量下降情形。

整理

在 Sunset 模式之後，還有一些重要的任務得進行。也就是，一旦我們的資料倉儲（data warehouse）的依存關係被正確地遷移為消耗 Vitess 的頻道成員資料，我們就得放棄舊的工作空間分片的 channels_members 資料表。大約一個月後，我們告別了它們。然後，我們花了幾週的時間來整理頻道成員資格的 unidata 程式庫，小心翼翼地解除了所有的功能旗標，並移除了雙寫邏輯。

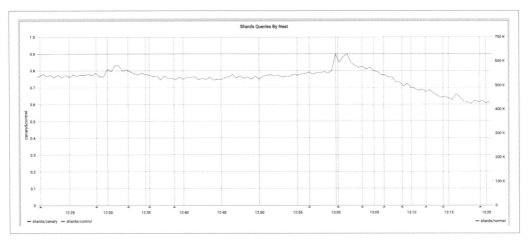

圖 11-6 從傳統的以工作空間分片的叢集中移除讀取查詢

從傳統分片中刪除寫入是巨大且及時的勝利。我們為最大的客戶（第 10 章中的 VLB）移除了 50% 的寫入，並完全消除了企業分片（enterprise shard）上的複製延遲（replication lag），而當時它正開始在持續不斷的寫入流量之壓力下苦苦掙扎。在捨棄該資料表之前的幾天裡，那個分片一直經歷著高達 20 分鐘的複製延遲。圖 11-7 顯示了 VLB 企業分片寫入流量陡然下降的情形。

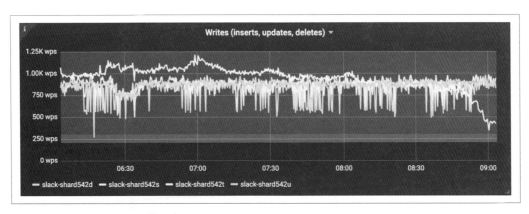

圖 11-7 從 VLB 的分片中移除寫入

圖 11-8 顯示，在去除寫入負載後，複製延遲明顯缺乏峰值。

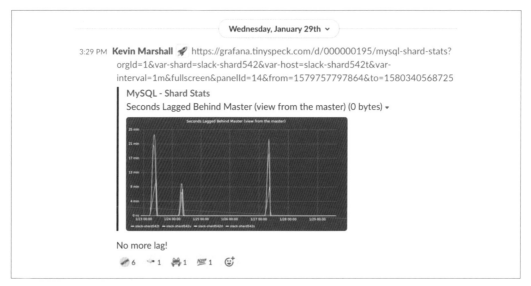

圖 11-8　沒有複製延遲了！

這是圖 11-8 的 Slack 訊息中圖表的特寫：

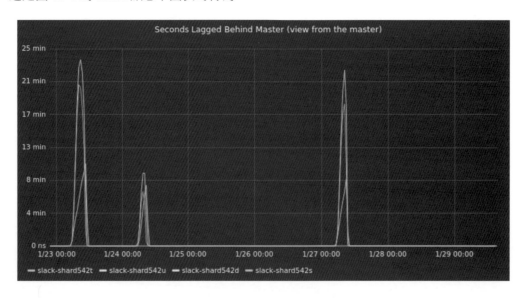

遺憾的是，就在我們正要結束的時候，冠狀病毒開始蔓延，我們在世界各地的辦公室都關閉了，Slack 的全體員工正過渡為在家辦公的模式。隨著全球都轉變為遠端工作，Slack 的需求急劇增加，我們以極快的速度獲取新客戶，而我們現有的客戶發送的訊息比以往任何時候都多。整個基礎設施團隊，包括我們那些正在進行 channels_members 遷移的人員，都緊急地將注意力轉移到擴展我們的系統到前所未有的規模之工作上。雖然我們為重構結束而鬆了一口氣，但我們從未有適當的機會來陶醉於我們的成就。

隨著這個專案接近尾聲，Slack 的其他工程師開始策劃如何善用重新分片過的資料表。很快地，即使在我們仍處於 SUNSET 模式時，新功能的原型開始相繼出現，許多後續專案的人員很快就被安排到多個團隊中，以運用新的資料模型，並以 Grid 和共用頻道為中心，簡化其他查詢。

經驗教訓

與我們之前的研討案例一樣，從我們將 channels_members 遷移到 Vitess 的過程中，我們學到很多重要的經驗。我們將從怎樣做專案可能會變得更好開始，描述我們如何能更快地設定更實際的預估時間並找到合適的團隊成員。然後我們將討論它成功的方式，詳細介紹我們在一開始就小心翼翼地擴展專案範圍的決定，以及我們簡單溝通策略的優點。

設定實際一點的估計時間

當我們開始將 channels_members 表遷移到 Vitess 之時，我們已經完成了多次的 Vitess 遷移了；已經建立出了工具並讓它們變得完善，以改進這個程序，讓每次的過程都更容易且安全。我們最初的預估時間依據的是我們最近幾次遷移的經驗，它們明顯比頭幾次遷移快很多。我們樂觀地認為，這次遷移不會比上次遷移更困難。

然而，我們早該知道的是，出於一些因素，channels_members 將會是一頭不同的野獸。首先，其查詢負載遠遠超過了我們之前的任何一次遷移。其次，我們決定將資料分片在兩個鍵上，即使用者和頻道，而非只有一個鍵。最後，我們選擇使用標準的使用者 ID，並對綱目做了有意義的修改，以提升開發人員的工作效率，因此進一步增加了專案的複雜度。我們的估計值應該已經反映了這些重要的決策及其影響。

當我們超過了最初的預估時間時，團隊的士氣受到了打擊，工程管理階層對專案的關注度也越來越高。幸運的是，我們得以獲得更多的資源並推進重構工作，但我們的預估值肯定沒有在一開始就設定好適當的期望。

設定不切實際的估計值可能會帶來更嚴重的後果：重構可能會失去優先權，而工程管理階層可能會對你推動大型軟體專案的能力失去信心。你的職業生涯有可能受到打擊。如果我們有花時間對每一個潛在的陷阱進行腦力激盪，並依靠第 4 章中討論的策略，我們也許能在重構之初就為我們自己和利害關係者設定更適切的期望。

尋找你需要的隊友

我們開始這個專案時，我們假設大部分工作最好由基礎設施工程師（infrastructure engineers）來處理。我們可以在必要的時候聯繫產品工程師，提出問題或臨時尋求程式碼審查。只有一次我們遇到了拆解 JOIN 的困難時，我們才向產品工程部請求更多的資源。就在這時，我們意識到，與熟悉我們要遷移的查詢的工程師一起作業，我們的工作速度會更快。在整個漫長的 *Dark* 模式階段，他們的參與是很關鍵的，在這個階段，我們除錯了導致產品出現怪異行為的許多資料差異。如果他們從一開始就在，我們的速度可能會更快，並更正確地遷移查詢（包括那些 JOIN），減少後期階段花費的時間。

正如第 5 章中所討論的那樣，有時你所擁有的隊友並不是最適合這項工作的人。因為大規模的重構具有深遠的影響，所以經常涉及到來自不同團隊和學科的工程師。你在專案開始時確定的團隊很少是就此固定的。如果你認為你的團隊不再是合適的團隊，請弄清楚缺少了什麼人，並找出那些人。如果你認為你需要比你最初預期的更多的資源，就去請求支援。

仔細規劃範圍

我們在重構初期做出的一個重要決定是，在 Vitess 的 channels_members 綱目中，所有與使用者 ID 相關的欄位都使用標準使用者 ID（canonical user ID）。我們知道 Slack 的目標是在整個專案中採用標準的使用者 ID，但在我們的資料表遷移完成之前，專案的前幾個階段不太可能結束。

選擇採用標準使用者 ID 之後，我們刻意增加了重構的範圍。我們本可以先花時間在我們的傳統工作空間分片叢集上將使用者 ID 標準化，只在資料得到適當更新時，才遷移到 Vitess。同樣地，我們也可以在遷移資料表時，不對 ID 進行標準化，而是在它安全登陸 Vitess 後再啟動這個過程。我們相信，同時進行這兩件事，我們將節省時間和精力（雖然我們沒有很好的方法來衡量這一點，但我們相信事實會證明這是真的！）。

在第 4 章中，我們瞭解到，保持適當的範圍對於確保在合理的時間內完成重構而言，是很重要的，並且不會影響到超過必要的表面積。然而，在某些情況下，增加一些額外的範圍是值得的，最終將使工作更加成功。在專案規劃階段要注意這些機會，並在專案全面展開之前就慎重決定如何善用這些機會。如此一來，當你更廣泛地傳達你的計畫時，利害關係者將有機會對額外的範圍發表意見，而每個人的期望都應該適當地統一起來。

挑選單一地點進行專案溝通

在整個重構過程中，我們非常依賴我們的專案頻道 #feat-vitess-channels 來進行合作、協調並提供重要的更新資訊。因為它是我們的中心聯絡點，所以每個人都能藉由新訊息瞭解最新狀況。這是提出問題或發佈程式碼以供審查的好地方，你肯定會在幾分鐘內得到回應。有好幾次，隊友們會在討論串中除錯問題，讓其他人在之後有空時參與討論或趕上進度。在重構的 *Light* 模式階段，自願採用新查詢的用戶會到 #feat-vitess-channels 報告他們遇到的臭蟲和其他怪異行為。如果是與將 channels_members 移到 Vitess 有關的東西，你都可以在這個頻道裡找到。

最重要的是，#feat-vitess-channels 是一個讓我們激勵彼此的地方。隨著重構工作進度緩慢，工程師們來來去去，而 *Dark* 模式也不斷向我們拋出一些曲線球，我們越來越難以對自己的進展保持樂觀。公司的工程師們偶爾會冒出一句鼓勵的「你做得到！」，或者對每週的狀態更新做出一系列表情符號反應。這些小小的貼心支援行為可大大提升團隊的士氣，而有一個方便的地方讓同事們分享他們的鼓勵，有助於讓這種情況成為一種普遍現象。

將所有與專案有關的溝通內容放在單一個地方，很容易讓每個參與重構的人都能跟上進度。團隊成員可以在不需要大量知識轉移的情況下加入或離開工作。外部的利害關係者可以檢查最新的進展情況，而無需直接與你聯繫。也許最重要的是，它可以成為一個提供支持和鼓勵的地方。關於如何建立良好溝通習慣的想法，請參閱第 7 章。

設計一個考慮周全的推行計畫

將頻道成員表遷移到 Vitess 的過程中，有一個明確的推行策略（rollout strategy），分為四個具體階段。在每個階段，我們都有一個強烈的願景，即何時應該選擇不同的用戶群體加入到我們的變化之中（例如，首先是公司的使用者，然後是免費層的客戶、普通付費客戶，最後是我們最大的客戶）。在這一程序之上，我們使用了專為 Vitess 遷移用例所構建的高度可靠的工具，這使我們能以想要的速度為不同的使用者群啟用（或停用）每一種不同模式。

這些要素中的每一個都幫助我們快速前進,但或許最有效的部分是,如果我們開始注意到對用戶的不利影響,我們有能力立即復原。有了這樣的能力,我們就不懼怕積極向前。當我們進入 *Light* 模式階段時,這一點尤其有用,因為我們運用公司內部的志願者來讀取 Vitess 叢集的資料。

即使重構有最周密的計畫、最一絲不苟的執行,還是會導致少量的臭蟲產生,而在開始推行之前,往往不可能將它們全部找出來。如果你能控制誰在抵達重要的里程碑時選擇採用你的變更,而且能迅速還原,你就能更靈活地取得進展,在潛在的可怕衰退成為嚴重事件之前就發現它們。

啟示

我們的重構將 channels_members 從我們以工作空間分片的叢集遷移到 Vitess 中以使用者和頻道分片的叢集,過程中我們得到的最重要的幾個啟示如下:

- 設定實際的預估時間。樂觀很好,但錯過最後期限會產生嚴重的後果。

- 找到你需要的團隊成員;你可用的或目前在你的團隊中的人,可能不是最適合這項任務的人。如果你需要新的(或更多的)資源,不要害怕去要求它們。

- 小心規劃專案範圍。任何新增的範圍都應該在規劃階段就考慮到,以適當地設定期望值。

- 挑選一個單一的專案溝通場所並堅持下去。

- 設計一個深思熟慮的推行計畫,並投注資源去建構你們所需的工具,以使模式的增強(和減弱)盡可能容易。

索引

※ 提醒您：由於翻譯書排版的關係，部份索引名詞的對應頁碼會和實際頁碼有一頁之差。

progress announcements（進度公告），140

progressive linting（漸進式的 linting），164

project management software（專案管理軟體），63

Prometheus, 111

prototyping（製作原型），154

public channels（公開頻道），173

Q

quantifying progress（量化進度），186

queries（查詢），聚集分散的，181-182

R

range validation（範圍驗證），19

realistic scenario（真實場景），126

recency bias（時近偏誤），115

redundant database schemas case study（冗餘資料庫綱目的案例研討），171-196

關於，171, 196

清理，190

程式碼歷史，193-196

合併資料表，180-189

經驗教訓，192

可擴充性問題，176-179

Slack, 172-176

Slack 架構，174-176

refactoring（重構）

關於，3-6

大規模，6-7

好處，8-10

與支持，108-109

剛好經過，15, 167

範例，17-25

為了好玩，15

增進效能，46

的重要性，7

測量（參閱 starting state）

與新技術，14

出於無聊，15

與效能，13

報價，106

風險，10-12

與範圍，12

何時不要，15-17

何時使用，12-15

regressions（衰退），重構的風險，10

reinforcement（強化），重構的，164-166

reliability（可靠性），測試的，59

repeatable steps（可重複的步驟），計畫中，79

repeating（重複），推銷，125

reputation（聲譽），66-69

resiliency（堅韌性），測試，59

RESTful 服務，4

retrospectives（回顧），136

risks（風險），重構的，10-12, 99

rollout strategies（推行策略），80-86, 221

Rosenberg, Marshall

Nonviolent Communication, 131

S

scalability（可擴充性），28, 176-179

scale（規模），大規模重構，6-7

scenarios（場景），126

schemas（綱目），發展新的，201-203

scope（範圍），12, 220

scope creep（範圍蔓延），11, 93

scope（範圍），合理的，重構的風險，11

self-contained logic（自成一體的邏輯），取出，22-25

senior engineers（資深工程師），尋求回饋意見，142-144

sharing plans with teammates（與團隊制定分片計畫），91-93

SHRDLU 程式語言，31

simplifying conditionals（簡化條件式），20

skip-level（越級），105

Slack, 6, 169, 172-176

Smart DNA, 76, 79, 86, 106, 141

關於作者

Maude Lemaire 是 Slack Technologies, Inc. 的一名工程師，她在那裡負責拓展產品規模，以支援一些世界上最大的組織。她把大部分時間花在找人、不停進行網路通話、重構笨重的程式碼、整合冗餘的資料庫綱目，以及為其他開發人員構建工具。Maude 非常關心開發人員的體驗，在她的每一個角色中，她都會在技術堆疊的不同層次上積極尋求更簡單、更有效的程式碼組織方式。

Maude 在 McGill University 獲得了軟體工程榮譽學士學位。

出版記事

本書封面上的動物是海象（*Odobenus rosmarus*），牠們是可在北極和亞北極地區發現的大型海洋哺乳動物。

海象（walruses）以其長而鋒利的獠牙著稱，這些獠牙可以幫助它們破冰、爬出水面、在群體中建立優勢，並保護自己免受掠食者的攻擊。海象厚厚的皮膚上稀疏覆蓋著短毛，顏色從灰色到黃褐色都有。一層厚得多的脂肪可保暖並儲存能量，使牠們能夠在惡劣的環境中生存。

這些行動緩慢的肉食動物喜歡生活在冰地和淺水區，以便於獲取食物，並會隨著季節性的變化遷徙，尋找最佳厚度的冰層。短短的前蹼和較大的後蹼推動這種（平均）一噸重的生物在水中移動，而牠的鬍鬚比眼睛更常用於導航和識別食物。海象主要吃大量的軟體動物和其他貝類，但偶爾也會吃較大的動物，如海鳥甚至海豹。

全球氣候變遷和人類捕食導致海象的保育狀態被列為脆弱（Vulnerable）物種。O'Reilly 書籍封面上的許多動物都面臨瀕臨絕種的危機；牠們都是這個世界重要的一份子。

封面插圖由 Karen Montgomery 根據 Vogt & Specht 的 *Natural History of Animals* 中的黑白雕刻繪製而成。

大規模重構｜奪回源碼庫的控制權

作　　者：Maude Lemaire
譯　　者：黃銘偉
企劃編輯：蔡彤孟
文字編輯：王雅雯
設計裝幀：陶相騰
發 行 人：廖文良

發 行 所：碁峰資訊股份有限公司
地　　址：台北市南港區三重路 66 號 7 樓之 6
電　　話：(02)2788-2408
傳　　真：(02)8192-4433
網　　站：www.gotop.com.tw
書　　號：A659
版　　次：2021 年 05 月初版
建議售價：NT$580

國家圖書館出版品預行編目資料

大規模重構：奪回源碼庫的控制權 / Maude Lemaire 原著；黃銘偉譯. -- 初版. -- 臺北市：碁峰資訊, 2021.05
　　面；　公分
　　譯自：Refactoring at scale: regaining control of your codebase
　　ISBN 978-986-502-778-0(平裝)
　　1.軟體研發　2.電腦程式設計　3.物件導向程式
312.2　　　　　　　　　　　　　　　　　110004551

讀者服務

● 感謝您購買碁峰圖書，如果您對本書的內容或表達上有不清楚的地方或其他建議，請至碁峰網站：「聯絡我們」\「圖書問題」留下您所購買之書籍及問題。(請註明購買書籍之書號及書名，以及問題頁數，以便能儘快為您處理)
http://www.gotop.com.tw

● 售後服務僅限書籍本身內容，若是軟、硬體問題，請您直接與軟體廠商聯絡。

● 若於購買書籍後發現有破損、缺頁、裝訂錯誤之問題，請直接將書寄回更換，並註明您的姓名、連絡電話及地址，將有專人與您連絡補寄商品。